FLORE DES MASCAREIGNES

LA RÉUNION, MAURICE, RODRIGUES

COMITÉ DE RÉDACTION

J. BOSSER
TH. CADET †, J. GUÉHO, W. MARAIS

69. MÉLIACÉES
à
79. CONNARACÉES

PRÉPARÉE SOUS LA DIRECTION DE

R. ANTOINE *(M.S.I.R.I.)* J. BOSSER *(ORSTOM)* I.K. FERGUSON *(KEW)*

PUBLIÉE PAR

THE SUGAR INDUSTRY RESEARCH INSTITUTE, MAURITIUS
L'INSTITUT FRANÇAIS DE RECHERCHE SCIENTIFIQUE
POUR LE DÉVELOPPEMENT EN COOPÉRATION (ORSTOM), PARIS
THE ROYAL BOTANIC GARDENS, KEW
AVEC LE SOUTIEN DE LA COORDINATION NATIONALE DE MAURICE,
DE LA COMMISSION DE L'OCÉAN INDIEN (COI),
DU FONDS EUROPÉEN DE DÉVELOPPEMENT (FED),
DU CONSEIL RÉGIONAL DE LA RÉUNION ET DE DIREN-RÉUNION

DÉCEMBRE 1997

1, 2. Molinaea macrantha Radlk., Sapindacée endémique de l'île Maurice.
Fleurs et fruits. Photos J. Bosser

3. Hornea mauritiana Baker, Sapindacée endémique de l'île Maurice.
Photo F. Friedmann

FLORE DES MASCAREIGNES

69. MÉLIACÉES

par A.J. Scott*

avec le concours de J. Bosser**

Arbres ou arbrisseaux, plus rarement herbes ligneuses. Bourgeons souvent nus (sans écailles protectrices). Indument le plus souvent formé de poils simples, parfois de poils étoilés ou d'écailles peltées. Feuilles sans stipules, en général alternes et en hélices, communément pari- ou imparipennées, parfois simples, rarement trifoliolées, unifoliolées ou bipennées ; folioles généralement entières. Inflorescences axillaires ou terminales, souvent en thyrses, parfois cymeuses, racémeuses, paniculées ou spiciformes ou fleurs en fascicules ; parfois plantes cauliflores. Fleurs bisexuées ou unisexuées et alors plantes dioïques, monoïques ou polygames ; fleurs unisexuées ayant souvent des rudiments bien développés de l'autre sexe. Calice ordinairement 3-5-lobé, rarement sépales libres, imbriqués ou entièrement soudés. Pétales 3-6, libres ou connés à la base, souvent imbriqués. Étamines 5-10 ; filets habituellement connés en tube, rarement entièrement libres, souvent partiellement adnés aux pétales ; anthères biloculaires, à déhiscence longitudinale ; connectif parfois appendiculé. Disque intrastaminal présent ou non, libre ou partiellement adné soit à l'ovaire, soit au tube staminal. Ovaire supère, en général à 2-6 loges ; stigmate souvent capité ou discoïde ; ovules (1-)2 à nombreux dans chaque loge, le plus souvent axiles. Fruit, une capsule, une baie, une drupe, ou rarement une noix. Graines ailées ou arillées ou à testa liégeux, ordinairement sans albumen.

Famille pantropicale comprenant 51 genres et environ 550 espèces (plus de 1 000 pour certains). Les Méliacées, caractérisées par la présence d'un tube staminal et d'un stigmate capité, ont été révisées par Pennington et Styles, Blumea 22 : 419-540 (1975) ; les limites génériques qu'ils ont reconnues ont été adoptées ici. Plusieurs genres comprennent des espèces cultivées pour leur bois ; d'autres fournissent des arbres d'ornement ou d'ombrage.

7 genres sont présents aux Mascareignes, l'un est indigène, les 6 autres ont été introduits.

En outre les espèces suivantes sont présentes au Jardin des Pamplemousses à Maurice ou au Jardin de l'État à La Réunion :

Sandoricum koetjape (Burm. f.) Merr. (*S. indicum* Cav., Bojer, H.M. : 58 ; Rivals, Esp. Fruit. Introd. Réunion : 24 (1960)) ; Faux Mangoustan (M.) ; Santol (M.). Arbre d'Indo-Malaisie, à feuilles trifoliolées ; fleurs hermaphrodites, 5-mères, jaunâtres, larges de 1-1,2 cm ; fruit drupacé, à surface veloutée ; graine entourée d'une pulpe blanche, acidulée.

Signalée du Jardin des Pamplemousses et du Jardin de l'État à La Réunion. D'après Rivals, les fruits « de la grosseur d'une pêche, ont une pulpe douceâtre d'assez médiocre qualité ».

Carapa procera DC. Arbre originaire d'Afrique et d'Amérique tropicales, à feuilles paripennées ; folioles 10-18, opposées ou sub-opposées, largement oblongues ou elliptiques-oblongues, arrondies au sommet, très grandes : 20-40 (-50) × 5-10 (-12) cm ; inflorescences paniculées, très grandes, axillaires ou subterminales ; fleurs unisexuées, 5-mères ; fruit une capsule subglobuleuse ou ovoïde, pendante, de 6-10 × 5-7 (-10) cm, s'ouvrant en 5 valves. Présente au Jardin des Pamplemousses à Maurice.

Cipadessa baccifera (Roth) Miq. Originaire d'Indo-Malaisie. Petit arbre à feuilles imparipennées et à indument de poils simples ; fleurs polygames, bisexuées ou unisexuées sur un même individu, en panicules axillaires ; fruit une petite drupe globuleuse, à 5 pyrènes, à endocarpe osseux ; graine sans arille. Présente au Jardin des Pamplemousses à Maurice.

Il existe aussi, à P, de vieux échantillons provenant de La Réunion de *Dysoxylum gaudichaudianum* (A. Juss.) Miq., espèce de Nouvelle-Guinée et d'Océanie qui n'a pas été retrouvée récemment. Bojer (H.M.) cite un certain nombre d'espèces, cultivées en son temps, dont nous n'avons vu aucun échantillon.

* c/o Royal Botanic Gardens, Kew.

** ORSTOM, Laboratoire de Phanérogamie, Muséum, Paris.

1. Feuilles simples. **1. Turraea**
— Feuilles pennées. **2**

2. Fruit, une baie ou une drupe ; indument formé de poils étoilés ou d'écailles peltées, ou de poils simples. **3**
— Fruit une capsule déhiscente ; indument formé de poils simples ou indument absent. **5**

3. Fruit une baie ; graines arillées ; anthères 5-10 ; ovaire à 1-3 loges. **4. Aglaia**
— Fruit une drupe ; graines sans arille ; anthères 10 ; ovaire à 3-8 loges. **4**

4. Feuilles bi- ou tripennées ; ovaire à 4-8 loges ; drupe à 3-8 graines, à endocarpe épais, osseux ; indument comportant des poils étoilés. **2. Melia**
— Feuilles pennées ; ovaire à 3 loges ; drupe à 1 (-2) graines, à endocarpe cartilagineux, mince ; indument de poils simples. **3. Azadirachta**

5. Pétales 3 ; ovaire à 3 loges ; ovules 2 par loge ; graine sans aile. **5. Aphanamixis**
— Pétales 5 ; ovaire à 5-10 loges ; ovules 6-16 par loge ; graines ailées. **6**

6. Étamines à filets libres ; capsule pendante, à parois membraneuses à peu ligneuses. **6. Toona**
— Étamines à filets soudés ; capsule dressée, à parois épaisses, très ligneuses. **7. Swietenia**

1. TURRAEA L.

Mant. 2 : 150, 237 (1771)

— *Quivisia* Cav., Diss. 7 : 367 (1789)

— *Gilibertia* J.F. Gmel., Syst. Nat. ed. 13, 2 : 682 (1791)

— *Ginnania* M. Roem., Syn. Hesp. Monogr. : 79, 91 (1846), *nom illegit.*, non Scop. (1777)

Arbrisseaux ou arbustes, parfois hétérophylles. Indument formé de poils simples. Feuilles opposées ou alternes, simples, entières, pennatilobées ou pennatifides (les juvéniles), très rarement composées (non aux Mascareignes). Fleurs bisexuées, solitaires, fasciculées, ou en courtes cymes ou panicules axillaires ou terminales, rarement géminées, ou plantes ramiflores. Calice cupuliforme, persistant, rarement ± entier, plus souvent à 4-5 lobes. Pétales 4-5, libres, imbriqués ou contortés, linéaires à spatulés. Étamines (7-) 8-10 ; filets entièrement ou partiellement soudés en tube cylindrique ou cyathiforme, à marge entière ou non ; anthères apiculées, introrses, insérées sur le bord du tube, au sommet de la partie libre des filets, ou dans la gorge du tube. Disque petit ou absent. Ovaire à 3-10(-20) loges ; style souvent évasé au sommet, à stigmate terminal, circulaire, ou style simple à stigmate capité ; ovules 2 par loge, collatéraux (aux Mascareignes) ou superposés. Fruit, une capsule loculicide à 3-5(-10) valves, souvent à paroi mince. Graines 1-2 par loge, à arille rouge ou orangé ; testa dur, lisse ; embryon droit ou courbé, enseveli dans l'albumen épais.

Genre paléotropical, d'environ 55 espèces ; 8 espèces sont endémiques des Mascareignes, et 4 d'entre elles n'existent que sur une des îles. Il n'a pas été possible de trouver à quelle espèce appartient *Quivisia fruticosa* J.F. Gmel., Syst. Nat. ed. 13, 2 : 633 (1791).

1. Feuilles adultes opposées. **2**
— Feuilles adultes alternes. **4**

2. Fleurs 5-mères ; inflorescences formées de cymes 3-5-flores ; feuilles pour la plupart oblongues-elliptiques ou elliptiques, dépassant 3 cm de longueur, entières. **4. T. oppositifolia**
— Fleurs 4-mères ; inflorescences formées de cymes 2-flores ; feuilles obovales, de moins de 2,5 cm de longueur ; feuilles juvéniles pennatifides. **3**

3. Inflorescences, calices et pétales pubérulents ; pédoncules et pédicelles épais, de moins de 2 mm de longueur. (Rodrigues). **7. T. laciniata**
— Inflorescences, calices et pétales glabres ; pédoncules et pédicelles grêles, longs de 5-12 mm. (Maurice). **8. T. trichopoda**

4. Fleurs en général 5-mères. **5**
— Fleurs en général 4-mères. **7**

5. Filets des étamines soudés sur toute leur longueur ; pétales soyeux-jaunâtres à l'extérieur ; racèmes 5-14-flores. (La Réunion, Maurice). **3. T. rutilans**
— Filets des étamines partiellement libres ; pétales, à l'anthèse, lâchement pubescents à l'extérieur ; cymes 2-3-flores, ou fleurs fasciculées. **6**

6. Tube staminal long de (8-)10 mm ; partie libre des filets longue de 3-4 mm, entière au sommet ; fleurs fasciculées sur de courtes colonnes, exceptionnellement en cymes biflores, parfois plantes ramiflores ; capsule longue de 10 mm environ, 3-5-loculaire. (Maurice). **1. T. rigida**
— Tube staminal long de 4-5 mm ; partie libre des filets longue de 2-3 mm, bifide au sommet ; cymes 2-3-flores ; capsule longue de 15-25 mm, 3(-4)-loculaire. (La Réunion). **2. T. cadetii**

7. Feuilles juvéniles entières ; feuilles adultes obovales ou elliptiques ; pédoncules longs de 2-5 mm ; calice densément pubérulent ; tube staminal long de 3-4 mm ; pétales longs de 5-8 mm. (La Réunion, Maurice). **5. T. ovata**
— Feuilles juvéniles pennatilobées à pennatifides ; feuilles adultes le plus souvent ovales ou elliptiques ; pédoncules longs de 1-2 mm ; calice à peine pubérulent ; tube staminal long de 2-2,5 mm ; pétales longs de 4-5 mm. (La Réunion, Maurice). **6. T. casimiriana**

1. T. ridiga Vent., Choix, t. 48 (1808) ; Bojer, H.M. : 57 ; Baker, F.M.S. : 45 ; R.E. Vaughan, Maur. Inst. Bull. 1 : 21 (1937). Type : Maurice, *Riche* (P. holo.)
— *Quivisia chilosantha* Bojer, H.M. : 58, *nom. nud.*
— *Rutaea rigida* (Vent.) M. Roem., Syn. Hesp. Monogr. : 94 (1846)
— *Q. rigida* (Vent.) C. DC. in A. DC., Monogr. Phan. 1 : 433 (1878)

Arbrisseau ou arbuste atteignant 3 m de hauteur ; ramilles glabres. Feuilles alternes, à pétiole long de 5-15 mm, liégeux ; limbe obovale ou étroitement obovale, rarement elliptique, 5-15 x 2,5-6 cm, aigu ou acuminé, rarement obtus au sommet, cunéiforme à la base, coriace, glabre, luisant sur la face supérieure ; marges révolutées, entières ou très rarement courtement lobées ; 7-10 paires de nervures secondaires ascendantes, proéminentes sur les deux faces, rejoignant une nervure intramarginale. Fleurs fasciculées sur des protubérances axillaires, rarement en cymes biflores ; plantes parfois ramiflores ; pédicelles longs de 4-7 mm, à peine pubérulents. Boutons floraux obovoïdes ou claviformes, à pétales soyeux, s'allongeant rapidement juste avant l'anthèse. Calice en coupe longue de 2 mm, lâchement pubescente ; lobes (4-)5, deltoïdes, longs d'environ 1 mm. Pétales (4-)5, spatulés, 10-19 x 1,5-2,5 mm, blancs, lâchement pubescents sur la face externe. Tube staminal long de (8-)10 mm, rose, en général pubescent extérieurement et intérieurement ; partie libre des filets longue de 3-4 mm ; anthères (8-)10, oblongues, longues de 1,5-2 mm, apiculées, lâchement pubescentes. Ovaires globuleux, pubescents, à (3-)4-5 loges ; style long de 15-22 mm ; stigmate capité. Capsule ovoïde, d'environ 10 mm, aiguë, lâchement pubescente. Graines longues de 3 mm ; arille petit. (Pl. 1, 4-5).

Noms vernaculaires : Bois café ; Bois café marron.

Maurice. Endémique. Espèce maintenant très rare ; des forêts et des fourrés indigènes humides : Moka ; Mont du Pouce ; Cratère Kanaka ; Mont Cocotte ; Pétrin.

L'illustration de Ventenat représente le type comme ayant de grandes fleurs 5-mères. La plupart des échantillons étudiés ont des fleurs 4-mères, parfois le calice a un 5e lobe plus petit. La taille des différentes parties de la fleur et la pubescence varient beaucoup. Les boutons floraux restent petits et densément pubescents jusque peu de temps avant l'anthèse ; ils grandissent alors rapidement.

2. T. cadetii A.J. Scott, Kew Bull. 33 : 650 (1979). Type : La Réunion, Ilet de Patience, Plaine des Palmistes, *Cadet* 3077 (K, holo. ! ; REU, iso. !)

Arbrisseau ou arbuste atteignant 4 m de hauteur ; ramilles glabres. Feuilles alternes ; pétiole long de 10-15 mm, pubérulent ; limbe obovale ou elliptique, 3,5-12,5 x 2,5-7 cm, obtus, rarement aigu, tronqué ou échancré au sommet, cunéiforme à la base, coriace, glabre, luisant sur la face supérieure ; marges révolutées ; 5-12 paires de nervures secondaires ascendantes, proéminentes sur les deux faces, rejoignant une nervure intramarginale en arceaux ; nervure médiane proéminente et pubescente sur la face inférieure, imprimée sur la face supérieure. Cymes axillaires, 2(-3)-flores ; pédoncules longs de 4-10 mm ; pédicelles longs de 10-15 mm, tomenteux, articulés et munis, au milieu ou un peu au-dessous du milieu, d'une très petite bractéole. Boutons floraux sphériques. Calice en coupe longue de 2 mm, pubescente ; lobes 5, deltoïdes, longs de 2 mm, lâchement pubescents. Pétales oblongs, 10-12 x 3-5 mm, blancs, pubérulents sur la face externe. Tube staminal long de 4-5 mm, lâchement tomenteux à l'intérieur et à l'extérieur ; partie libre des filets longue de 2-3 mm, bifide au sommet ; anthères 10, oblongues, longues de 1,2 mm, apiculées, tomenteuses, insérées entre les 2 lobes aigus du filet. Ovaire sphérique, à pubescence jaunâtre, 3(-4)-loculaire ; style long de 8-10 mm, tomenteux ; stigmate capité. Capsule ovoïde, 15-25 x 10-12 mm, 3(-4)-gone, pubescente, aiguë au sommet, à paroi mince. Graines étroites, longues d'environ 12-15 mm, aiguës au sommet, enveloppées dans un arille charnu, orangé ; hile bien distinct. (Pl. 1, 1-3).

La Réunion. Endémique ; dans les forêts humides ; altitude de 100-1400 m : Bébour ; Ilet à Banane ; Plaine des Chicots ; Plaine des Palmistes ; Ilet de Patience ; Tacamaca ; Morne des Patates à Durand.

T. cadetii semble ne pas être étroitement apparenté à aucune des autres espèces de *Turraea* des Mascareignes. Ses graines sont bien plus grandes et sont entourées par un arille orangé. L'ovaire souvent 3-loculaire, le tube staminal et les anthères poilus, sont des caractères peu communs dans le genre.

3. T. rutilans (Sm.) Bosser, *comb. nov.* Type : Maurice, *Commerson* ex Herb. *Thouin*, n° 120 (LINN-SM, holo. !)
— *Gilibertia rutilans* Sm. in Rees, Cyclop. 16, n° 4 (1819)
— *Quivisia decandra* Cav., Diss. 7 : 367, t. 211 (1789) ; Bojer, H.M. : 58 ; Cordem., F.R. : 375. Type : Maurice, *Commerson* (P-JU 11290, holo. ! ; LINN-SM, P, P-LA, isos.)
— *Gilibertia decandra* (Cav.) J.F. Gmel., Syst. Nat. ed. 13, 2 : 682 (1791)
— *T. decandra* (Cav.) Harms in Engl. et Prantl, Nat. Pflanzenf. 3, 4 : 284 (1896), *nom. illegit.*, non *T. decandra* Blanco (1837)
— *Q. racemosa* Pers., Syn. Pl. 1 : 468 (1805), *nom. illegit.* basé sur *Q. decandra* Cav.
— *Ginnania racemosa* (Pers.) M. Roem., Syn. Hesp. Monogr. : 90 (1846), *nom. illegit.*
— *Q. mauritiana* Baker, F.M.S. : 45, *nom. illegit.*, *pro parte*
— *Q. sieberi* C. DC. in A. DC., Monogr. Phan. 1 : 430 (1878). Type : Maurice, *Sieber*, Fl. Maurit. II, n° 265 (G -DC, holo. ; K, iso. !)
— *T. sieberi* (C.DC) Harms in Engl. et Prantl, Nat. Pflanzenf. 3, 4 : 284 (1896)

Pl. 1. — **Turraea cadetii** : **1**, rameau fleuri x 2/3 ; **2**, rameau en fruit x 2/3 ; **3**, fleur x 4/3. — **T. rigida** : **4**, rameau en bouton x 2/3 ; **5**, fleur x 4/3. (**1** et **3**, *Friedmann* 2607 ; **2**, *Cadet* 3911 ; **4**, *Vaughan* MAU 11669 ; **5**, *Boivin*).

— *Antirhea borbonica* auct. non J.F. Gmel. : C. DC in A. DC., Monogr. Phan. 1 : 430 (1878)

Arbrisseau ou arbuste ; ramilles pubérulentes. Feuilles alternes ; pétiole long de 5-10 mm, lâchement pubérulent ou glabre ; limbe elliptique, oblong, ou rarement ovale, 3-8 x 2-4 cm, aigu ou courtement acuminé au sommet, cunéiforme à la base, glabre, luisant sur la face supérieure ; 5-12 paires de nervures secondaires ascendantes, saillantes sur les deux faces. Racèmes axillaires, 5-14-flores ; rachis long de 2-7 mm, pubérulent ; pédicelles longs de 2-5 mm. Boutons floraux sphériques. Calice en coupe pubérulente longue de 1,5-2 mm ; lobes (4-)5, courts, aigus. Pétales 5, elliptiques à spatulés, 4-5 x 1-2 mm, aigus au sommet, à pubescence jaunâtre. Tube staminal long de 1,5-2 mm, glabre ou cilié ; marge à dents aiguës situées entre les anthères ; anthères (9-)10, oblongues à linéaires, longues de 1-1,2 mm, à connectif muni d'un appendice obtus. Ovaire sphérique, tomenteux-jaunâtre, 4(-5)-loculaire ; style long de 3 mm ; stigmate 4-lobé. Capsule sphérique-déprimée, de 8-10 mm de diamètre, ligneuse, velue-jaunâtre, ordinairement à 4 valves. Graines longues de 3,5-3,75 mm ; arille petit. (Pl. 2, 1-5).

La Réunion, Maurice. Endémique. Espèce des fourrés indigènes dans les forêts d'altitude. Aujourd'hui très rare ; récoltée à Maurice anciennement à Vacoas, et plus récemment au Mont Laporte (1971). Non trouvée récemment à La Réunion. Cordemoy la signalait de la montée de la Plaine des Cafres (alt. 1200-1400 m).

Le nom *T. decandra* (Cav.) Harms ne peut être retenu car il existe un homonyme antérieur de Blanco (1837).

4. T. oppositifolia (Cav.) Harms in Engl. et Prantl, Nat. Pflanzenf. 3, 4 : 284 (1896). Type : Maurice, *Commerson* (P-JU 11291, holo. ! ; LINN, P, P-LA, isos.)

— *Quivisia oppositifolia* Cav., Diss. 7 : 368, t. 214 (1789) ; Bojer, H.M. : 58 ; C. DC. in A. DC., Monogr. Phan. 1 : 432 (1878) ; R.E. Vaughan, Maur. Inst. Bull. 1 : 20 (1937)

— *Gilibertia oppositifolia* (Cav.) J.F. Gmel., Syst. Nat. ed. 13, 2 : 682 (1791)

— *Ginnania oppositifolia* (Cav.) M. Roem., Syn. Hesp. Monogr. : 90 (1846)

— *Payeria chrysogyne* Muell. Arg., Linnaea 34 : 65 (1865). Type : La Réunion, *Boivin* (P, holo. !)

— *Q. mauritiana* Baker, F.M.S. : 45, *nom. illegit., pro parte*

Arbuste atteignant 5 m de hauteur ; ramilles pubérulentes. Feuilles opposées ; pétiole long de 5-12 mm, tomenteux ; limbe oblong-elliptique, rarement obovale, 3-11 x 2,5-6 cm, obtus au sommet, obtus ou cunéiforme à la base, subcoriace, glabre, luisant sur la face supérieure ; marges révolutées ; nervure médiane déprimée sur la face supérieure, proéminente et lâchement pubescente sur la face inférieure ; 6-8 paires de nervures secondaires ascendantes, saillantes sur les deux faces. Inflorescences en cymes axillaires 3-5-flores, parfois sub-ombelliformes, exceptionnellement en racèmes ayant jusqu'à 11 fleurs ; rachis long de 4-8 mm, soyeux, robuste ; pédicelles longs de 3-5 mm. Boutons floraux sphériques. Calice en coupe longue de 2,5 mm, soyeuse ; lobes 5, courts, obtus. Pétales 5, étroitement oblongs, 4-7 x 2-2,5 mm, aigus au sommet, soyeux sur le dos. Tube staminal long de 2,5 mm, glabre, à bord entier ; anthères 10, oblongues, longues de 1 mm. Ovaire sphérique, velu-jaunâtre, à 4-5 loges ; style long de 1,5 mm ; stigmate 5-lobé. Capsule déprimée-sphérique ou obovoïde, de 8-10 mm de diamètre, jaunâtre, soyeuse, ligneuse, ordinairement à 5 valves. Graines longues de 3 mm ; arille petit. (Pl. 2, 6-9).

Noms vernaculaires : Bois café, Bois café marron, Bois quivi.

La Réunion, Maurice. Endémique. Espèce devenue rare ; des forêts d'altitude. Connue à Maurice de Plaine Champagne, Mont Cocotte, Bassin Blanc, Curepipe, Mont du Pouce, Moka. Non récoltée récemment à La Réunion.

5. T. ovata (Cav.) Harms in Engl. et Prantl, Nat. Pflanzenf. 3, 4 ; 284 (1896). Type : La Réunion, *Commerson* (P-JU 11289, holo. ! ; LINN, P, P-LA, isos. !)

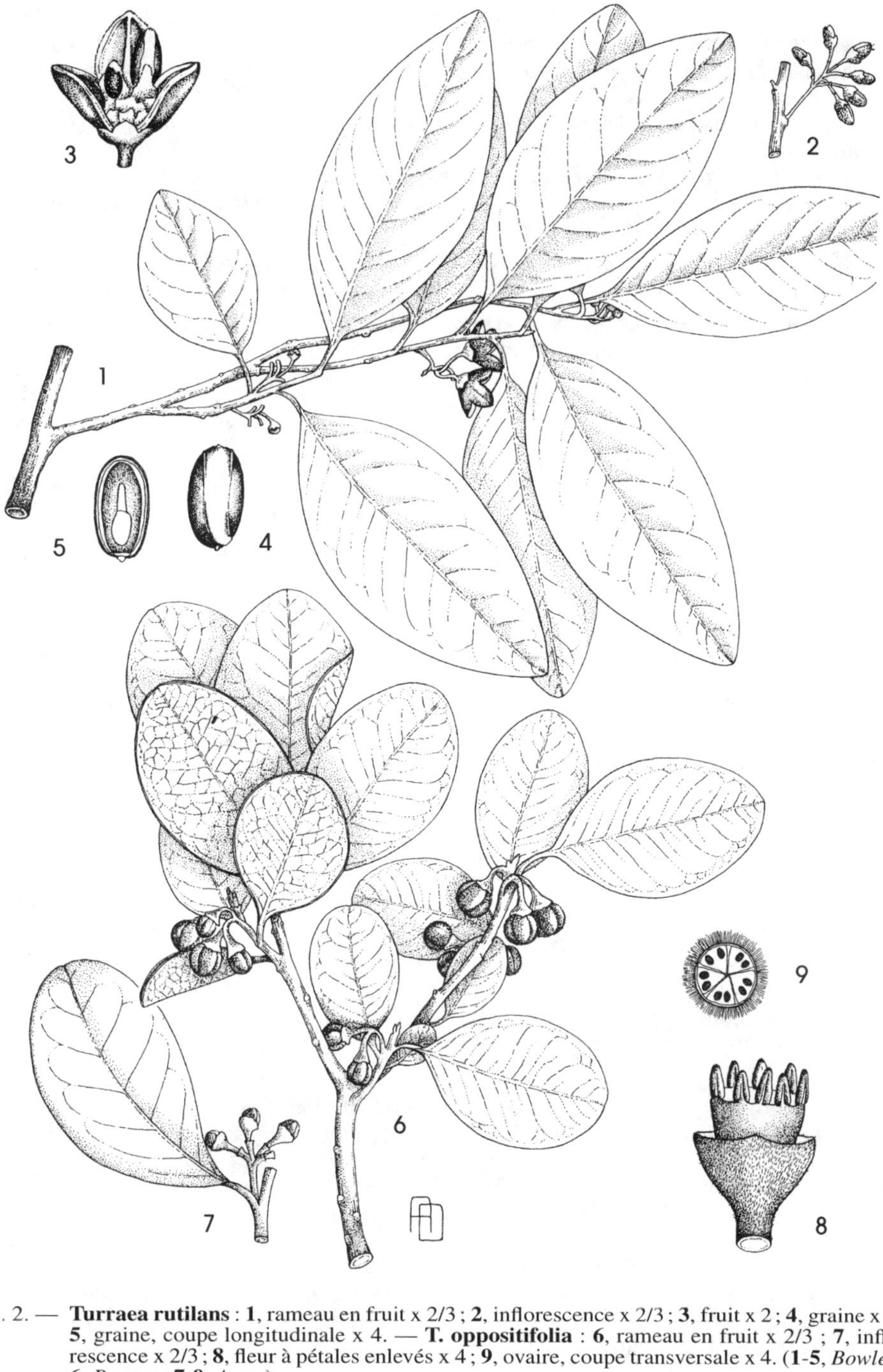

Pl. 2. — **Turraea rutilans** : **1**, rameau en fruit x 2/3 ; **2**, inflorescence x 2/3 ; **3**, fruit x 2 ; **4**, graine x 4 ; **5**, graine, coupe longitudinale x 4. — **T. oppositifolia** : **6**, rameau en fruit x 2/3 ; **7**, inflorescence x 2/3 ; **8**, fleur à pétales enlevés x 4 ; **9**, ovaire, coupe transversale x 4. (**1-5**, *Bowles* ; **6**, *Bouton* ; **7-9**, *Ayres*).

— *Quivisia ovata* Cav., Diss. 7 : 368, t. 212 (1789) ; Bojer, H.M. : 58 ; C. DC. in A. DC., Monogr. Phan. 1 : 429 (1878) ; Cordem., F.R. : 375 ; R.E. Vaughan, Maurit. Inst. Bull. 1 : 21 (1937)
— *Gilibertia ovata* (Cav.) J.F. Gmel., Syst. Nat. ed. 13, 2 : 682 (1791)
— *Trichilia mauritiana* Turcz., Bull. Soc. Imp. Nat. Mosc. 36 : 589 (1863). Type : Maurice, *Perrottet* (P, iso. !)
— *Q. mauritiana* Baker, F.M.S. : 45, *nom. illegit.*, *pro parte*
— *Q. mauritiana* var. *ovata* (Cav.) H.H. Johnston, Trans. Proc. Bot. Soc. Edinb. 59 : 319 (1894), *quoad nomen tantum*

Arbuste atteignant 5 m de hauteur ; ramilles pubescentes. Feuilles alternes ; pétiole long de 5-10 mm, tomenteux ; limbe obovale ou elliptique, 2,3-7 x 1,5-4 cm, obtus, aigu ou parfois rétus au sommet, cunéiforme à la base, coriace, glabre, luisant sur la face supérieure ; marges révolutées ; nervure médiane proéminente et tomenteuse sur la face inférieure ; 6-12 paires de nervures secondaires ascendantes, saillantes sur les deux faces. Racèmes axillaires, 2-7-flores ; pédoncules longs de 2-5 mm, pubérulents ; pédicelles longs de 1-3 mm. Boutons floraux claviformes. Calice en coupe longue de 1,5-2 mm, densément pubérulente ; marge ± entière ou légèrement 4-lobée. Pétales 4, spatulés, 5-8 x 2-4 mm, blancs, soyeux sur la face externe. Tube staminal long de 3-4 mm, glabre ou pubescent, à marge échancrée entre les anthères ; anthères 8(-10), oblongues, longues de 1-1,5 mm, apiculées. Ovaire subsphérique, tomenteux, jaunâtre, à 4 loges ; style long de 3-3,5 mm ; stigmate 4-lobé. Capsule sphérique, de 5-6 mm de diamètre, aiguë au sommet, à (3-)4 valves ; paroi mince, pubescente. Graines longues de 2-3 mm ; arille petit. (Pl. 3, 3-5).

Noms vernaculaires : Bois de quivi des hauts, Quivi, Petit quivi.

La Réunion, Maurice. Endémique. Espèce de la forêt humide d'altitude. Jusqu'à 1600-1700 m d'altitude à La Réunion : Dos d'Ane ; Plaine des Cafres ; Plaine des Palmistes (Grande Montée) ; Cilaos (Grand Matarum) ; Rivière Saint Denis et Brûlé de Saint Denis ; Ravine de la Grande Chaloupe (partie haute) ; Salazie (Sentier de Bélouve) ; le Tévelave ; Ravine Langevin (partie haute) ; Tacamaca ; Basse Vallée ; Grand Bassin ; Cirque de Mafate (Aurère) ; à Maurice, de Moka, des Monts Pieter Both et du Pouce, de Flacq et de Rivière Coquard.

6. T. casimiriana Harms in Engl. et Prantl, Nat. Pflanzenf. 19 B I : 86, 177 (1940), *nom. nov. pro Quivisia heterophylla* Cav., non *T. heterophylla* Sm. (1819). Type : La Réunion, *Commerson*. (P-JU 11292, holo. ! ; K, P, P-LA, isos. !)
— *Quivisia heterophylla* Cav., Diss. 7 : 368, t. 213 (1789) ; Bojer, H.M. : 58 ; C. DC. in A. DC., Monogr. Phan. 1 : 430 (1878) ; Cordem., F.R. : 374 ; R.E. Vaughan, Maur. Inst. Bull. 1 : 20 (1937)
— *Gilibertia heterophylla* (Cav.) J.F. Gmel., Syst. Nat. ed. 13, 2 : 682 (1791)
— *Q. mauritiana* Baker, F.M.S. : 45, *nom. illegit.*, *pro parte*
— *T. heterophylla* (Cav.) Harms in Engl. et Prantl, Nat. Pflanzenf. 3, 4 : 284 (1896), *nom. illegit.*, non *T. heterophylla* Sm. (1819)

Arbrisseau ou arbuste atteignant 4 m de hauteur ; ramilles pubérulentes. Feuilles adultes alternes ; pétiole long de 2-4 mm, lâchement pubérulent ; limbe de 1,4-4 x 0,8-2,5 cm, ovale ou elliptique, parfois obovale ou étroitement obovale, aigu ou obtus au sommet, cunéiforme à la base, subcoriace, glabre ; 6-10 paires de nervures secondaires ascendantes, saillantes sur les deux faces ; feuilles juvéniles parfois opposées, pennatilobées à pennatifides, à 3-9 lobes. Cymes ou racèmes axillaires, 3-10-flores ; pédoncules longs de 1-2 mm, pubérulents ; pédicelles longs de 1-5 mm. Boutons floraux sphériques. Calice en coupe longue de 1 mm, lâchement pubérulent ; marge à 4 lobes courts et aigus. Pétales 4, spatulés, 4-5 x 1,5-2 mm, soyeux sur la face externe, jaune pâle à roses. Tube staminal long de 2-2,5 mm, rose, glabre ou lâchement pubescent, à marge légèrement échancrée entre les anthères ; anthères (7-)8, étroitement oblongues, longues de 1 mm, apiculées. Ovaire sphérique, soyeux, à 4 loges ; style long de

Pl. 3. — **Turraea trichopoda** : **1**, rameau fleuri x 2/3 ; **2**, fleur x 7. — **T. ovata** : **3**, rameau feuillé x 2/3 ; **4**, rameau portant un fruit x 2/3 ; **5**, fleur x 5. — **T. casimiriana** : **6**, feuille adulte x 1 ; **7**, feuilles juvéniles x 1 ; **8**, feuilles intermédiaires x 3/2. — **T. laciniata** : **9**, fleur à corolle et androcée étalés x 5. (**1**, *Gardner* ; **2**, *Vaughan* 1258 ; **3-4**, *Herb. Hook.* ; **5**, *Grey* 1858 ; **6**, *Guého* MAU 14550 ; **7**, *Lorence* 1309 ; **8**, *Guého* MAU 14096 ; **9**, d'après B. Ro., pl. 19, fig. 6).

3 mm ; stigmate 4-lobé. Capsule ovoïde ou sphérique, d'environ 5 mm de diamètre, lâchement pubescente, à 4 valves ; paroi mince. Graines longues de 2 mm ; arille petit. (Pl. 3, 6-8).

Noms vernaculaires : Quivi, Bois de quivi, Bois de café marron.

La Réunion, Maurice. Endémique des forêts sub-humides et encore assez commune dans les associations de zone sèche et dans les fourrés indigènes. A la Réunion, jusqu'à 900-1000 m d'altitude : La Montagne, Ravine de la Grande Chaloupe (Bras d'Anguille) ; Dos d'Ane ; Tacamaca ; Salazie (route de Grand Ilet) ; Cirque de Mafate (environs d'Aurère) ; Cilaos (Bras de Benjoin) ; à Maurice, de Ile aux Aigrettes, Cabinet, collines de Chamarel, Mont Saint Pierre, Le Morne, Rivière des Anguilles, Corps de Garde.

Sur l'hétérophyllie et sa signification, voir Friedmann et Cadet, Adans. sér. 2, 15 : 423-440 (1976).

Les feuilles et les écorces sont utilisées dans la pharmacopée locale d'après Cordemoy (F.R. : 374).

7. T. laciniata (Balf. f.) Harms in Engl. et Prantl, Nat. Pflanzenf. 3, 4 : 284 (1896), [*laciniosa*] ; W. Strahm, Plant Red Data Book for Rodrigues : 112-113, fig. (1989). Type : Rodrigues, *Balfour* (E, holo. ; K, iso. !)
— *Quivisia laciniata* Balf. f., Journ. Linn. Soc. Bot. 16 : 12 (1877) ; B. Ro. : 333, t. 19 ; Baker, F.M.S. : 46
— *Q. laciniosa* C. DC in A. DC., Monogr. Phan. 1 : 431 (1878), *orth. mut.*

Arbrisseau ou arbuste atteignant 6 m de hauteur ; ramilles pubérulentes. Feuilles opposées ; pétiole long de 1-2 mm, pubérulent ; limbe obovale, 1-2,6 x 0,6-1,7 cm, obtus au sommet, cunéiforme à la base, entier ou pennatifide à 3-7-lobes, coriace, glabre, luisant sur la face supérieure ; marges révolutées ; 10-12 paires de nervures secondaires ascendantes, saillantes sur les deux faces. Cymes axillaires, biflores ; pédoncules longs de 1-2 mm ; pédicelles longs de 1-2 mm, pubérulents. Calice en coupe longue de 1-2 mm, lâchement pubérulente ; marge légèrement 4-lobée ; lobes aigus. Pétales 4, étroitement elliptiques, 3 x 2 mm, lâchement pubérulents sur la face externe. Tube staminal long d'environ 1 mm ; marge échancrée entre les anthères ; anthères 8, oblongues, longues d'environ 0,8 mm. Ovaire subsphérique, hirsute, à 4 loges ; style long de 2 mm ; stigmate 4-lobé. Capsule sphérique, de 4-5 mm de diamètre, pubescente, à paroi mince, à 4 valves. Graines longues de 2 mm ; arille petit. (Pl. 3, 9).

Nom vernaculaire : Bois balais.

Rodrigues. Endémique, dans les fourrés de végétation naturelle. Connue de Grande Montagne, Cascade Mourouque, Plaine Corail.

8. T. trichopoda (Baill.) Harms in Engl. et Prantl, Nat. Pflanzenf. 3, 4 : 284 (1896). Type : Maurice, *Thouars* (P, holo. !)
— *Quivisia trichopoda* Baill., Adans. 11 : 255 (1874) ; C. DC. in A. DC., Monogr. Phan. 1 : 430 (1878)
— *Q. filipes* Baker, F.M.S. : 46, *nom. illegit.* basé sur *Q. trichopoda*

Arbrisseau ou arbuste atteignant 3 m de hauteur ; ramilles soyeuses. Feuilles opposées ; pétiole long de 1-2 mm, lâchement soyeux ; limbe obovale, 0,5-2,2 x 0,4-1,4 cm, obtus ou tronqué au sommet, cunéiforme à la base, subcoriace, entier ou pennatifide, à 3-7 lobes, glabre, luisant sur la face supérieure ; 6-12 paires de nervures secondaires fortement ascendantes, saillantes sur les deux faces. Cymes axillaires, grêles, biflores ; pédoncules longs de 2-5 mm, glabres ; pédicelles longs de 5-12 mm. Calice en coupe longue de 1 mm, glabre ; marge à 4 lobes courts et aigus. Pétales 4, étroitement oblongs, 2,5-3 x 1,5 mm, obtus, glabres. Tube staminal long de 1 mm, à marge entière ; anthères 8, linéaires, longues d'environ 0,8 mm. Ovaire subsphérique, velu, jaunâtre, à 4 loges ; style long de 1,5 mm ; stigmate 4-lobé. Capsule sphérique, de 4-5 mm de diamètre, lâchement pubescente, à 4 valves ; paroi mince. Graines longues de 2-2,5 mm ; arille petit. (Pl. 3, 1-2).

Maurice. Endémique. Dans les fourrés indigènes, au Mont du Pouce, au Morne, à Flacq, à la Plaine des Roches.

2. **MELIA** L.

Sp. Pl. : 384 (1753) ; Gen. Pl. ed. 5 : 182 (1754)

Arbres ou arbrisseaux ; indument formé de poils simples et de poils étoilés. Feuilles d'ordinaire insérées en hélices, bi- à tripennées ; folioles en général serrulées. Fleurs bisexuées ou mâles, en panicules ou thyrses axillaires, multiflores. Calice à 5(-6) lobes imbriqués. Pétales 5(-6), libres, imbriqués. Tube staminal cylindrique, muni, à la marge, de deux appendices deltoïdes alternant avec chaque anthère ; anthères 10(-12), apiculées, insérées sur la marge ou dans la gorge du tube. Disque petit, annulaire, libre. Ovaire 4-8- loculaire ; ovules 2 par loge, superposés ; style inclus ; stigmate coroniforme, à 4-8 lobes. Fruit, une drupe à 3-8 loges ; endocarpe osseux. Graines 1(-2) par loge, sans arille ; testa coriace ; embryon droit, enseveli dans l'albumen.

Genre d'environ 5 espèces des tropiques du Vieux Monde. Une espèce, *M. azedarach*, introduite et naturalisée aux Mascareignes.

A Maurice comme aux Seychelles, une deuxième espèce, *M. dubia* Cav., à folioles presque entières, était reconnue. Pour Mabberley et al., Fl. Males. 12, 1 : 330 (1995), il s'agit d'une simple forme de *M. azedarach*.

M. azedarach L., Sp. Pl. : 384 (1753) ; Bojer, H.M. : 58 ; Baker, F.M.S. : 47 ; Cordem., F.R. : 375 ; R.E. Vaughan, Maur. Inst. Bull. 1 : 20 (1937). Type : Asie, Herb. *Hermann* 1, fol. 10 (BM)

— *M. sempervirens* (L.) Sw., Nov. Gen. et Sp. Pl. : 67 (1788) ; Bojer, H.M. : 59 ; Cordem., F.R. : 376. Type de Ceylan

Arbre ou arbrisseau décidu, atteignant 5(-15) m de hauteur ; ramilles tomenteuses. Feuilles 2(-3)-pennées, atteignant 40 cm de longueur ; pétiolules longs de 2-3 mm ou celui de la foliole terminale atteignant 12 mm ; folioles opposées, ovales, étroitement ovales ou elliptiques, la terminale parfois étroitement obovale, 2,5-5 x 0,5-2 cm, serrulées, acuminées au sommet, dissymétriques et cunéiformes à la base. Fleurs odorantes, en grands thyrses axillaires atteignant 20 cm de longueur ; pédicelles longs de 2-4 mm, pubérulents. Lobes du calice ovales-elliptiques, aigus, longs de 2 mm, pubérulents (poils étoilés). Pétales lilas, spatulés, 7-9 x 2-2,5 mm, lâchement pubérulents ou ciliés (poils simples). Tube staminal pourpre, long de 6-7 mm, tomenteux à l'intérieur ; marge ornée de 20 dents aiguës, longues de 1 mm ; anthères 10, insérées dans la gorge du tube, entre les dents, linéaires, longues de 1 mm, apiculées. Ovaire sphérique, le plus souvent à 5 loges ; style long de 4-5 mm. Drupe de 1,5-2 cm de diamètre, subsphérique à ellipsoïde, jaunâtre.

Noms vernalucaires : Grand lilas, Lilas de l'Inde, Lilas de Perse, Persian Lilac, Petit lilas.

Originaire de l'Inde, largement cultivée et naturalisée par places dans les trois îles : La Réunion, dans la Vallée du Bras de Cilaos ; Maurice à Vacoas et Butte Chaumont ; Rodrigues à Cascade Saint Louis.

Diverses parties de la plante ont été utilisées en pharmacopée et, d'après Cordemoy, le bois a été utilisé dans la construction et l'ébénisterie.

3. **AZADIRACHTA** A. Juss.

Mém. Mus. natn. Hist. nat. Paris 19 : 220, t. 2, n° 5 (1830)

Arbres à feuilles pennées et à indument de poils simples. Inflorescences axillaires, paniculées, multiflores. Fleurs polygames, hermaphrodites et mâles, sur le même pied. Calice 5-lobé, à lobes imbriqués. Pétales 5, libres, imbriqués. Tube staminal cylindrique, long de 0,3-0,5 cm, terminé par 10 appendices arrondis à bilobés ; anthères 10, insérées à la base des appendices. Disque annulaire, soudé à la base de l'ovaire. Ovaire 3-loculaire ; loges à 2 ovules collatéraux ; tête du style étalée, à 3 lobes stigmatiques. Fruit, une drupe à endocarpe cartilagineux, mince. Graines 1 (-2), sans arille.

Genre de 2 espèces, de la région indo-malaise. Une espèce introduite et plantée aux Mascareignes.

A. indica A. Juss., op. cit. : 221, pl. 13, n° 5 (1830). Type de l'Inde
— *Melia azadirachta* L., Sp. Pl. : 385 (1753)

Arbre haut de 8-10 m, pouvant atteindre 20-25 m ; ramilles finement pubérulentes ou glabres. Feuilles longues de 15-25 cm, atteignant 40 cm ; folioles 8-18, ovales-lancéolées, falquées, très dissymétriques, atténuées-aiguës au sommet, obliques à la base, à limbe décurrent sur un pétiolule très court, 3-10 x 1,5-4 cm ; marges grossièrement serretées. Inflorescences plus courtes que les feuilles. Fleurs petites, odoriférantes. Calice à 5 lobes arrondis, haut de 1-1,5 mm. Pétales 5, blancs, spatulés-oblongs, longs de ± 5 mm. Tube staminal long de ± 4 mm, élargi au sommet ; appendices arrondis, bi- à trilobés au sommet ; anthères sessiles, longues de ± 1 mm. Ovaire ovoïde, haut de 1 mm ; style long de 3-3,5 mm. Drupe ovoïde, 1,5-2 x 0,8-1,2 cm, pourpre sombre.

Noms vernaculaires : Nim, Neem, Lilas sacré, Margosa Tree.

La Réunion, Maurice. Originaire de l'Inde. Assez souvent plantée à Maurice près des temples indiens et comme arbre d'ornement ; présent aussi à La Réunion.

L'écorce est astringente et peut être utilisée comme fébrifuge et tonique. La graine contient une huile qui a des propriétés insecticides, et qui, en applications externes, est utilisée contre les rhumatismes. Également source de bois de feu, peut croître sur des sols appauvris.

4. AGLAIA Lour., *nom. cons.*
Fl. Cochinch. : 173 (1790)

Arbres dioïques ; indument formé de poils étoilés ou d'écailles peltées. Feuilles en général insérées en hélices, pennées, rarement uni- ou trifoliolées. Fleurs unisexuées, le plus souvent en panicules axillaires ; les inflorescences femelles réduites à de courtes grappes. Calice 3-5-lobé. Pétales 3-6, libres ou connés à la base, imbriqués. Tube staminal sphérique à cyathiforme, parfois rétréci à la gorge, à marge entière ou crénelée, parfois partiellement adné aux pétales ; anthères 5-10(-19), insérées en un seul verticille dans la gorge ou sur la marge du tube ; des anthères sans pollen présentes dans les fleurs femelles. Disque nul. Ovaire 1-3(-4)- loculaire ; ovules 1-2 par loge, collatéraux ou superposés ; style court ou absent ; stigmate petit ou capité. Pistillode présent dans les fleurs mâles, sans trace d'ovules. Fruit, une baie ou une noix, rarement une capsule loculicide. Graines 1-4, arillées.

Genre d'environ 100 espèces, dont l'aire s'étend de l'Inde à l'Australie et à la Polynésie. Une espèce introduite aux Mascareignes.

A. odorata Lour., Fl. Cochinch. : 173 (1790) ; ed. 2 : 216 (1793). Type d'Indochine

Arbrisseau ou arbuste pouvant atteindre 10 m de hauteur ; ramilles glabres ou à poils étoilés. Feuilles imparipennées, longues de 7-10 cm ; pétiole long de 1-6 cm ; pétiolules longs de 1-4 mm ; folioles opposées, 3-5, glabres, spatulées, ovales, oblongues ou étroitement obovales, 2-11 x 1-4 cm, obtuses au sommet, aiguës à la base, à 6-7 paires de nervures saillantes. Pédicelles longs de 2-6 mm, glabres. Fleurs mâles en panicules atteignant 15 cm de longueur, multiflores ; fleurs femelles en grappes pauciflores. Fleurs mâles : calice 5-lobé, membraneux, glabre ou cilié, d'environ 1 mm de diamètre ; pétales 5, jaunes, subcirculaires, longs de 1-1,5 mm, glabres ; tube staminal évasé au sommet, glabre, long d'environ 1 mm, à marge ± 5-lobée ; anthères 5, opposées aux lobes, insérées dans la gorge du tube, ovoïdes, longues d'environ 0,5 mm, aiguës ; ovaire rudimentaire. Fleurs femelles : calice et pétales semblables à ceux des fleurs mâles mais un peu plus grands ; tube staminal urcéolé, portant des étamines stériles ; ovaire sphérique, portant des poils étoilés, denses, biloculaire, à loges uni-ovulées ; stigmate capité. Baie ellipsoïde, rouge, longue de 6-7 mm, à poils étoilés clairsemés.

Nom vernaculaire : Chinese Rice-flower.

Originaire du S.E. de l'Asie, souvent cultivée pour ses fleurs odoriférantes, parfois plantée en haies à La Réunion et Maurice. En culture, c'est la plante mâle qui est le plus souvent rencontrée.

5. APHANAMIXIS Blume

Bijdr. : 165 (1825)

Arbres dioïques ou à fleurs hermaphrodites ; indument, aux Mascareignes, formé de poils simples. Feuilles ordinairement insérées en hélices, pennées. Fleurs unisexuées ou bisexuées, les mâles en grandes panicules, les femelles et les bisexuées en inflorescences longues et spiciformes. Calice 5-lobé ; lobes imbriqués. Pétales 3, libres, imbriqués. Tube staminal sphérique ou cyathiforme, en général entier, adné à la base des pétales ; anthères 3-8, insérées sur la marge du tube ; staminodes présents dans les fleurs femelles. Disque absent. Ovaire 3(-4)-loculaire ; ovules habituellement 2, collatéraux ou superposés ; style court à stigmate conique, trilobé, ou style plus long, à stigmate tronqué. Pistillode présent dans les fleurs mâles. Fruit, une capsule loculicide à 2-3 valves. Graines munies d'un arille ; cotylédons connés.

Genre d'environ 4 espèces, de l'Inde et de Malaisie. Une espèce introduite aux Mascareignes.

A. polystachya (Wall.) R.N. Parker, Indian Forester 57 : 486 (1931). Type : Inde, Silhet, *De Silva* sub *Wallich* 1277/1 (K, holo. !)
— *Aglaia polystachya* Wall. in Roxb., Fl. Ind. 2 : 429 (1824)

Grand arbre toujours vert, dioïque ou à fleurs bisexuées ; ramilles glabres. Feuilles pennées, atteignant 50 cm de longueur ; pétiolules longs de 5-10 mm ; folioles opposées, en 4-8 paires, à limbe oblong-elliptique, 7-19 x 3-7 cm, glabre, subcoriace, aigu ou acuminé au sommet, cunéiforme et souvent dissymétrique à la base, à 10-15 paires de nervures secondaires saillantes. Inflorescences : fleurs mâles en panicules atteignant 30 cm de longueur ; fleurs femelles et fleurs bisexuées en épis ; rachis et rameaux pubérulents ; fleurs subsessiles sur une base épaisse et pubérulente. Calice à lobes subcirculaires, longs de 2-4 mm, glabres ou ciliés. Pétales circulaires, épais, longs de 3-5 mm. Tube staminal cyathiforme, long de 2-3 mm, glabre ; marge à 3 crénelures profondes alternant avec 3 crénelures peu profondes ; anthères 6, insérées dans la gorge du tube, sur les crénelures, oblongues, longues de 1-1,5 mm, apiculées ; des anthères rudimentaires présentes dans les fleurs femelles. Ovaire subsphérique, pubescent, jaunâtre, 3-loculaire ; ovules 2 par loge, collatéraux ; stigmate subsessile, conique, 3-lobé. Capsule rougeâtre, sphérique, d'environ 2,5 cm de diamètre. Graines 3, sphériques, longues de 1-1,3 cm, enveloppées dans un arille charnu, rouge ou jaunâtre.

Nom vernaculaire : Amoora.

Espèce originaire de Ceylan et de l'Inde, souvent cultivée comme arbre d'ombrage. Connue à Maurice de Beau Bois ; Vacoas et Ébène ; Ruisseau Citron, Powder Mill ; Rivière des Anguilles.

6. TOONA (Endl.) M. Roem.

Syn. Hesp. Monogr. : 131, 139 (1846)

Arbres monoïques, décidus ou ± toujours verts ; bourgeons recouverts d'écailles protectrices ; indument formé de poils simples. Feuilles insérées en hélices, pennées ; folioles entières ou serrulées. Fleurs unisexuées, 5-mères, en thyrses composés. Calice profondément lobé ou sépales libres. Androgynophore court, en forme de coussinet. Pétales insérés sur le bord de l'androgynophore, libres entre eux, imbriqués. Étamines 5, libres, parfois alternant avec 1-5 staminodes ; anthères sans appendice ; des anthères rudimentaires présentes dans les fleurs femelles. Ovaire 5-loculaire ; ovules 6-10 par loge ; style court ; stigmate discoïde ; pistillode des fleurs mâles ayant souvent des traces d'ovules et un long style. Fruit, une capsule septifrage à columelle centrale ; paroi mince ou membraneuse, s'ouvrant par 5 valves. Graines munies d'une aile à l'une ou aux deux extrémités ; peu d'albumen.

Genre d'environ 6 espèces, dont l'aire s'étend de l'Inde à la Malaisie et à l'Australie. Une espèce introduite aux Mascareignes.

T. ciliata M. Roem., Syn. Hesp. Monogr. : 139 (1846). Type : Inde, Madras, *Rottler* (K, iso. !)
— *Cedrela toona* Roxb. ex Rottl. et Willd., Ges. Naturf. Freunde Berlin Neue Schriften 4 : 198 (1803)

Arbre atteignant 20 m de hauteur ; ramilles glabres. Feuilles paripennées, atteignant 60 cm de longueur ; pétiolules longs de 5-12 mm, parfois légèrement pubescents ; 7-10 paires de folioles opposées, elliptiques, ovales ou étroitement ovales, 2,5-19 x 1-6 cm, longuement acuminées au sommet, obtuses et dissymétriques à la base, glabres ; marges entières ou ondulées. Inflorescences en thyrses composés atteignant 40 cm (ou plus) de longueur, à rameaux opposés ou alternes ; pédicelles longs de 1-3 mm, lâchement pubérulents. Sépales obovales, longs de 1-1,5 mm, obtus, membraneux, ciliés. Pétales oblongs ou obovales, longs de 4-5 mm, crème, ciliés. Étamines 5 ; filets longs de 3-4 mm, pubescents ; anthères oblongues, dorsifixes, longues de 1-1,5 mm ; anthères rudimentaires des fleurs femelles plus petites. Ovaire sphérique, pubescent ; style court ; stigmates 5 ; pistillode des fleurs mâles plus petit ; style long de 4-5 mm ; stigmate capité. Capsule ellipsoïde, 2 x 1 cm, glabre, à paroi mince. Graines 3-4 par loge, 10-14 x 3-4 mm, munies d'une aile membraneuse aux deux extrémités.

Noms vernaculaires : Cedrela (M.) ; Indian Mahogany Tree ; Toon Tree.

Originaire de l'Inde, exploité pour son bois ; cultivé occasionnellement à Maurice (Jardin des Pamplemousses, Réduit).

7. SWIETENIA Jacq.

Enum. Syst. Pl. Carib. 4 : 20 (1760)

Arbres à feuilles caduques. Feuilles paripennées, à folioles glabres, entières. Inflorescences axillaires, en thyrses courts. Fleurs unisexuées. Calice (4-) 5-lobé, à lobes imbriqués. Pétales (4-) 5, contortés, finalement réfléchis. Tube staminal cupuliforme ou urcéolé, terminé par 10 appendices triangulaires ; anthères ou anthérodes 8-10, alternant avec les appendices. Disque patelliforme dans les fleurs mâles, annulaire et soudé à la base de l'ovaire dans les fleurs femelles. Ovaire 4-5 (-6) -loculaire ; ovules 9-16 par loge ; tête du style discoïde ; pistillode rudimentaire dans les fleurs mâles. Capsule dressée, ovoïde ou obovoïde, à péricarpe épais, ligneux, déhiscente par 4-5 valves. Graines ailées à une extrémité.

Genre de 3 espèces d'Amérique tropicale : Floride, Mexique, Antilles, Brésil. Une espèce a été introduite et est cultivée aux Mascareignes.

S. mahagoni (L.) Jacq., loc. cit (1760). Type : Catesby, Nat. Hist. Carolina ed. 2, 2, pl. 81 (1754)
— *Cedrela mahagoni* L., Syst. Nat. ed. 10, 2 : 940 (1759)

Arbuste ou arbre monoïque, à feuilles caduques, atteignant 20 m de hauteur ; ramilles et rameaux glabres. Feuilles glabres, longues de 10-15 (-25) cm ; folioles 4-10, lancéolées, ovales à elliptiques, cuspidées ou acuminées au sommet, arrondies ou largement cunéiformes à la base, asymétriques, 5-6 (-8) x 2,5-3 (-3,5) cm. Inflorescences axillaires ou subterminales, plus courtes ou aussi longues que les feuilles, glabres. Fleurs unisexuées, les 2 sexes à périanthe semblable. Calice 5-lobé. Pétales 5, libres, longs de 3-4,5 mm. Tube staminal urcéolé ou cylindrique, long de 3-4 mm ; anthères ou anthérodes 10, sessiles ; appendices 10, étroitement triangulaires. Ovaire des fleurs femelles globuleux, 5-loculaire ; loges à 12-16 ovules ; style court, long de 1 mm, à sommet discoïde, lobulé. Pistillode des fleurs mâles cylindrique, à ovules avortés. Capsule dressée, ovoïde à subsphérique, 6-10 x 3-6 cm, à péricarpe épais, ligneux, s'ouvrant en 4-6 valves.

Nom vernaculaire : Mahogani, Acajou (M.).

La Réunion, Maurice. Originaire de Floride et des Antilles, utilisé sous les tropiques pour son bois ou comme arbre d'ornement ; assez souvent planté à Maurice et présent aussi à La Réunion.

69. MÉLIACÉES

INDEX DES NOMS SCIENTIFIQUES

Les synonymes sont en italique. Les nombres gras indiquent les pages des illustrations.

Aglaia Lour. 12.
— odorata Lour. 12.
— *polystachya* Wall. 13.
Antirhea borbonica auct. 6.
Aphanamixis Blume 13.
— polystachya (Wall.) R.N. Parker 13.
Azadirachta A. Juss. 11.
— indica A. Juss. 12.
Carapa procera DC. 1.
Cedrela toona Roxb. ex Rottl. et Willd. 14.
— *mahagony* L. 14.
Cipadessa baccifera (Roth) Miq. 1.
Dysoxylon gaudichaudianum (A. Juss.) Miq. 1.
Gilibertia J.F. Gmel. 2.
— *decandra* (Cav.) J.F. Gmel. 4.
— *heterophylla* (Cav.) J.F. Gmel. 8.
— *oppositifolia* (Cav.) J.F. Gmel. 6.
— *ovata* (Cav.) J.F. Gmel. 8.
— *rutilans* Sm. 4.
Ginnania M. Roem. 2.
— *oppositifolia* (Cav.) M. Roem. 6.
— *racemosa* (Pers.) M. Roem. 4.
Melia L. 11.
— *azadirachta* L. 12.
— azedarach L. 11.
— dubia Cav. 11.
— *sempervirens* (L.) Sw. 11.
Payeria chrysogyne Muell. Arg. 6.
Quivisia Cav. 2.
— *chilosantha* Bojer 3.
— *decandra* Cav. 4.
— *filipes* Baker 10.
— *fruticosa* J.F. Gmel. 2.
— *heterophylla* Cav. 8.
— *laciniata* Balf. f. 10.
— *laciniosa* C.DC. 10.
— *mauritiana* Baker 4, 6, 8.
— " var. *ovata* (Cav.) H.H. Johnston 8.
— *oppositifolia* Cav. 6.
— *ovata* Cav. 8.
— *racemosa* Pers. 4.
— *rigida* (Vent.) C. DC. 3.
— *sieberi* C. DC. 4.
— *trichopoda* Baill. 10.
Rutaea rigida (Vent.) M. Roem. 3.
Sandoricum koetjape (Burm. f.) Merr. 1.
— *indicum* Cav. 1.
Swietenia Jacq. 14.
— mahagony (L.) Jacq. 14.

Toona (Endl.) M. Roem. 13.
— ciliata M. Roem. 14.
Trichilia mauritiana Turcz. 8.
Turraea L. 2.
— cadetii A.J. Scott 4, **5**.
— casimiriana Harms 8, **9**.
— *decandra* (Cav.) Harms 4.
— *heterophylla* (Cav.) Harms 8.
— laciniata (Balf. f.) Harms **9**, 10.
— oppositifolia (Cav.) Harms 6, **7**.
— ovata (Cav.) Harms 6, **9**.
— rutilans (Sm.) Bosser 4, **7**.
— rigida Vent. 3, **5**.
— *sieberi* (C.DC.) Harms 4.
— trichopoda (Baill.) Harms **9**, 10.

INDEX DES NOMS VERNACULAIRES

Acajou 15.
Amoora 13.
Bois balais 10.
— café 4, 6.
— " marron 4, 6.
— de café marron 10.
— " quivi 10.
— " quivi des hauts 8.
— quivi 6.
Cedrela 14.
Chinese Rice-flower 13.
Faux mangoustan 1.
Grand lilas 11.
Indian Mahogany Tree 14.
Lilas de l'Inde 11.
— " Perse 11.
— sacré 12.
Mahogani 15.
Margosa Tree 12.
Neem 12.
Nim 12.
Persian Lilac 11.
Petit quivi 8.
— lilas 11.
Quivi 8, 10.
Santol 1.
Toon Tree 14.

FLORE DES MASCAREIGNES

70. OLACACÉES

par A.J. Scott*

Arbres, arbrisseaux ou lianes ligneuses, rarement dioïques. Feuilles le plus souvent alternes, simples, généralement entières, sans stipules. Fleurs bisexuées, rarement unisexuées, régulières, axillaires, groupées en cymes, en racèmes ou en fascicules, rarement solitaires. Calice cupuliforme, parfois accrescent, bord de la coupe entier ou lobé, lobes 3-5 (-6), petits. Pétales 3-5 (-6), valvaires, libres ou parfois en partie cohérents. Étamines 4-12, opposées aux pétales quand elles sont en même nombre qu'eux, libres ou adhérant partiellement aux pétales ; anthères biloculaires, à déhiscence longitudinale ou poricide (pores apicaux), parfois stériles. Disque présent, généralement annulaire. Ovaire supère, semi-infère ou infère, 1-5- loculaire ; style court ; stigmate 2-5-lobé. Ovules pendants, 1 par loge. Fruit, une baie ou une drupe, parfois inclus dans le calice accrescent. Graine 1, à albumen abondant.

Famille pantropicale comptant 25 genres et environ 150 espèces. Un genre est présent aux Mascareignes.

OLAX L.

Sp. Pl. : 34 (1753) ; Gen. Pl. ed. 5 : 20 (1754)

– *Fissilia* Comm. ex Juss., Gen. Pl. : 260 (1789)

Arbres ou arbrisseaux glabres ou à poils scabres clairsemés. Feuilles alternes, distiques, entières. Fleurs axillaires, solitaires ou en racèmes, corymbes ou fascicules ; pédicelles articulés à la base. Calice accrescent ou non, cupuliforme, à bord tronqué, ondulé ou ± lobé. Pétales 3 ou 5, étroitement spatulés, à sommet aigu, glabres à l'intérieur, libres ou partiellement cohérents. Étamines fertiles 3-6 ; filets adhérant aux pétales ; anthères dorsifixes, introrses, à déhiscence longitudinale. Staminodes 3-6 ; anthères stériles étroites, plus longues que les anthères fertiles. Ovaire supère, uniloculaire ou incomplètement triloculaire à la base ; style court ; stigmate capité, 3 (-4)- lobé. Ovules 3. Drupe globuleuse, généralement incluse dans le calice accrescent.

Genre d'environ 50 espèces, des régions tropicales du Vieux Monde. Une seule espèce existe aux Mascareignes.

Bojer, H.M. : 46, cite *Pseudaleia madagascariensis* DC. [*Pseudalea*] (*Olax pseudaleia* Willd. ex Steud.), comme étant cultivé « aux Plaines Saint Pierre » à Maurice ; aucun matériel des Mascareignes n'a été vu.

O. psittacorum (Lam.) Vahl, Enum. 2 : 33 (1805) ; Baill., Adans. 3 : 121 (1862) ; Baker, F.M.S. : 47 ; Cordem., F.R. : 411 ; J. Dupont, J.C. Girard, M. Guinet, Flore en détresse, Livre rouge des plantes indigènes menacées à La Réunion : 101, pl., photo n° 40 (1989). Type : La Réunion, *Commerson* s.n. (P-LA, holo. ; P-JU 11897, P, isos.)

— *Fissilia psittacorum* Lam., Illust. 1 : 102, t. 28 (1791) ; DC., Prodr. 1 : 532 (1824) ; Bojer, H.M. : 46

— *F. disparilis* Comm. ex Baill., Adans. 3 : 121 (1862), *pro. syn., nom. nud.*

— *O. breonii* Baill., Adans. 3 : 121 (1862), *syn. nov.* Type : La Réunion, *Bréon* 263 (P, holo. !)

* c/o Royal Botanic Gardens, Kew.

Olax psittacorum : **1**, rameau en bouton x 2/3 ; **2**, rameau en fruit x 2/3 ; **3**, fleur x 4 ; **4**, fruits x 1. (**1**, *Bosser* 21536 ; **2** et **4**, *Friedmann* 2825 ; **3**, *Friedmann* 2077 (P)).

— *O. thouarsiana* Baill., loc. cit. (1862), *syn. nov.* Type : Sans indication, vraisemblablement La Réunion, *Thouars* s.n. (P, lecto., choisi ici)

Petit arbre atteignant 8 m de hauteur ; rameaux jeunes verts, devenant gris ou bruns, ± canaliculés. Feuilles à pétiole rougeâtre, long de 2-5 mm ; limbe étroitement ovale ou ovale, (2-) 4-9 x (0,5-) 2-5 cm, glabre, entier, subcoriace ou membraneux, aigu ou obtus au sommet, cunéiforme ou obtus à la base ; nervure médiane proéminente dessous, légèrement en relief dessus ; 6-10 paires de nervures latérales légèrement en relief dessous. Inflorescences en racèmes pauci- à multiflores, atteignant 2,5 cm de longueur : pédicelles glabres, longs de 5-8 mm ; bractées petites, squamiformes, caduques, longues de 1 mm environ. Boutons floraux claviformes. Fleurs parfumées, blanches. Calice glabre, long d'environ 1 mm et de 1,5-2 mm de diamètre, à bord ondulé ou faiblement bilobé. Pétales 5, épais, 6-8 x 1-1,5 mm, récurvés à maturité, cohérents à la base sur environ 3 mm, portant dans leur partie moyenne, sur la face interne, de longs poils fins. Étamines fertiles 3, alternant avec les pétales, ou 2 d'entre elles contiguës et opposées à la troisième ; filets adhérant aux pétales à la base sur environ 3 mm, longs d'environ 5 mm ; anthères oblongues, longues de 1,5-2 mm, à connectif glabre ou portant quelques longs poils fins. Staminodes 5, opposés aux pétales ; filets adhérant aux pétales à la base ; loges de l'anthère vides, filiformes, libres, longues de 3 mm. Ovaire conique, long de 1,5-2 mm, glabre ; style long de 2,5-3 mm, côtelé ; stigmate capité, trilobé. Fruit ellipsoïde ou ovoïde, 1-1,5 x 0,7-1 cm, ligneux, inclus, sauf le sommet, dans le calice accrescent, rougeâtre. Graines solitaires, ellipsoïdes, 0,6-1 x 0,4-0,8 cm. (Pl.).

Noms vernaculaires : Bois d'effort, Corce rouge (R.) ; Bois de perroquet (R.,M.).

La Réunion, Maurice ; Endémique. Encore relativement commune à La Réunion dans les forêts indigènes de moyenne altitude : Ravine de la Grande Chaloupe, entre 300 et 600 m d'altitude ; Bras de Saint Paul à Cilaos, alt. 1000-1100 m ; Brûlé de Saint Denis, alt. 500-800 m ; Brûlé du Baril, Saint Philippe, alt. 300 m ; Sentier de l'Ilet à Guillaume, alt. 800 m. À Maurice, l'espèce est devenue rare. Quelques exemplaires ont été récemment trouvés dans les forêts indigènes, sur les versants de la chaîne du Grand Port (Mont Bambou, Pointe aux Feuilles). Bojer la signalait autour de Bois Chéri et dans les forêts du Quartier Militaire.

Cavaco et Keraudren in Humbert, Fl. Madag., fam. 59, Olacacées : 9 (1956), signalent l'espèce à Madagascar, mais nous pensons que c'est une erreur.

70. OLACACÉES

INDEX DES NOMS SCIENTIFIQUES

Les synonymes sont en italique. Le nombre gras indique la page de l'illustration.

Fissilia Comm. ex Juss. 1.
— *disparilis* Comm. ex Baill. 1.
— *psittacorum* Lam. 1.
Olax L. 1.
— *breonii* Baill. 1.
— pseudaleia Willd. 1.
— psittacorum (Lam.) Vahl 1, **2**.
— *thouarsiana* Baill. 3.
Pseudaleia madagascariensis DC. 1.

INDEX DES NOMS VERNACULAIRES

Bois d'effort 3.
— de perroquet 3.
Corce rouge 3.

FLORE DES MASCAREIGNES

71. ICACINACÉES

par A.J. Scott*

Arbres, arbustes ou lianes, parfois dioïques. Feuilles généralement alternes, simples, entières ou lobées, penni- ou palmatinerves, sans stipules. Inflorescences le plus souvent axillaires, parfois terminales, en épis, racèmes ou thyrses, rarement en fascicules ou réduites à une fleur solitaire. Fleurs bi- ou unisexuées ; pédicelles articulés sous le calice. Sépales 4-6, généralement connés, le plus souvent imbriqués, rarement valvaires. Pétales 4-6, libres ou parfois connés à la base, valvaires. Étamines épipétales, en nombre égal à celui des pétales ; filets libres ou adnés aux pétales ; anthères biloculaires, basifixes, introrses ou à déhiscence latérale ou parfois poricide, les loges souvent divergentes à la base. Disque généralement absent. Ovaire supère, 1(-2)-loculaire ; ovules (1-) 2, apicaux, pendants, anatropes ; style simple ou absent ; stigmate subcapité ou pelté, 3-5 -lobé. Fruit, une drupe ellipsoïde ou globuleuse, charnue, souvent comprimée latéralement, à endocarpe ligneux ou crustacé. Graine 1, à albumen abondant et à embryon droit.

Famille comptant environ 56 genres et plus de 300 espèces, surtout des régions tropicales et subtropicales. Un genre est présent aux Mascareignes.

APODYTES E. Mey. ex Arn. in Hook., Journ. Bot. 3 : 155 (1840)

Arbres ou arbrisseaux. Feuilles alternes, simples, entières, penninerves. Fleurs bisexuées, en thyrses terminaux, rarement axillaires. Calice cupuliforme, à 5 petits lobes deltoïdes, persistant. Pétales 5, linéaires-oblongs, libres ou cohérents à la base, valvaires. Étamines 5 ; filets subulés, adnés à la base aux pétales ; anthères introrses, sagittées, linéaires-oblongues. Disque absent. Ovaire uniloculaire, bi-ovulé, muni d'un lobe latéral ; style excentrique ; stigmate petit, tronqué. Drupe ellipsoïde, côtelée, munie d'un grand appendice charnu latéral ; style persistant et latéral ; endocarpe crustacé. Graines ovales-réniformes, comprimées.

Genre comprenant deux espèces, l'une du Queensland en Australie, l'autre existant aux Mascareignes, largement répandue en Afrique, à Madagascar, dans la partie S.O. de l'Asie et en Malaisie.

A. dimidiata E. Mey. ex Arn. in Hook., Journ. Bot. 3 : 155 (1840) ; H. Perrier in Humbert, Fl. Madag., fam. 119, Icacinacées : 16 (1952) ; G. Lucas in Fl. Trop. E. Afric., Icacinaceae : 4 (1968). Type : Afrique du Sud, Durban, *Drège* (K, syns.)
— *Icacina mauritiana* Miers, Contr. Bot. 1 : 56 (1861). Type : Maurice, Colville Bridge, *Ayres* (K, holo. !)
— *Apodytes mauritiana* (Miers) Baker, F.M.S. : 48
— *A. frappieri* Cordem., F.R. : 377. Type : La Réunion, Grand Tampon (Saint Pierre), *Cordemoy* 12 (K, lecto. !)

Arbuste ou arbre atteignant 10 m de hauteur (jusqu'à 30 m dans d'autres régions) ; écorce gris brun, mince, lenticellée ; rameaux canaliculés, à pubescence clairsemée. Feuille à pétiole long de 1-2 cm, rougeâtre, pubescent comme les rameaux ; limbe elliptique ou ovale-elliptique parfois oblong ou largement elliptique, 3-9 (-11) x (1,8-) 3-5 cm, à sommet aigu, courtement acuminé ou obtus, à base obtuse ou cunéiforme, parfois dissymétrique, herbacé ou subcoriace,

* c/o Royal Botanic Gardens, Kew.

Apodytes dimidiata : **1**, rameau fleuri x 2/3 ; **2**, ovaire et style x 4 ; **3**, partie d'une infrutescence x 2/3 ; **4**, fruit montrant l'appendice latéral et le style x 2 ; **5**, partie d'une inflorescence x 2 ; **6**, fleur x 4. (**1**, *Polhill* et *Paulo* 1075 ; **3-4**, *Faulkner* 2498 ; **2**, **5** et **6**, *Carmichael* 328). Cliché Fl. Tropic. E. Afric. (1968).

brillant dessus, devenant noirâtre en séchant ; nervure médiane un peu déprimée dessus, proéminente et pubescente dessous, les faces par ailleurs glabres ; 6-10 paires de nervures latérales déprimées dessus, en relief dessous ; marges révolutées. Inflorescences pluriflores, longues de 3-8 cm, à pubescence jaunâtre, courte ; boutons floraux oblongs ; bractées étroitement ovales, longues de 1 mm environ, caduques. Fleurs parfumées, sessiles ou à pédicelles atteignant 1,5 mm de longueur. Calice long de 0,5-0,7 mm environ, cilié, à pubescence clairsemée ; lobes courts, deltoïdes. Pétales libres, 4-5 x 1 mm, blancs devenant noirs en séchant, glabres ou à pubescence clairsemée à l'extérieur, faiblement carénés à l'intérieur, à sommet infléchi. Étamines à filet long de 1-1,5 mm ; anthères longues de 1-1,5 mm. Ovaire long d'environ 1 mm, à pubescence dense ; style long de 1,5 mm environ. Fruit à pubescence clairsemée, obliquement ellipsoïde, comprimé, côtelé, 10 x 6 mm, pourpre à noirâtre, à appendice charnu, verdâtre. Graines ellipsoïdes, de 7 x 4 mm. (Pl.).

Noms vernaculaires : Bois bleu (R., M.) ; Peau gris, Faux bois bleu (R.) ; Bois Marie, Bois de rivière (M.).

La Réunion, Maurice. Espèce indigène aux Mascareignes. On la trouve occasionnellement dans les forêts de moyenne et haute altitudes à Maurice (Mont du Pouce ; Vacoas ; Tamarin Falls ; Réserve de Perrier ; Plaine Champagne) et à La Réunion (Mare longue à Saint Philippe ; La Montagne Saint Denis, Ravine de la Grande Chaloupe ; Basse Vallée ; une crête au-dessus de l'Ilet à Guillaume).

Elle existe aussi dans les régions tropicales et subtropicales du Sud, de l'Est et du N.E. de l'Afrique, à Madagascar, dans le Sud de l'Inde, à Ceylan, dans le S.E. de l'Asie et l'Ouest de la Malaisie.

Les plantes des Mascareignes correspondent bien au type qui est d'Afrique du Sud. Sleumer in Flora Malesiana 1, 3 : 48 (1971), interprète largement l'espèce et ne distingue pas de variétés en Malaisie. Lucas reconnaît en Afrique la var. *acutifolia* (A. Rich.) Boutique qui a un ovaire et un fruit glabres, alors que Perrier distingue 7 variétés à Madagascar.

D'après Cordemoy, a été utilisé comme bois de construction à La Réunion.

71. ICACINACÉES

INDEX DES NOMS SCIENTIFIQUES

Les synonymes sont en italique. Le nombre gras indique la page de l'illustration.

Apodytes E. Mey. ex. Arn. 1.
— dimidiata E. Mey ex Arn. 1, **2**.
— " var. acutifolia (A. Rich.) Boutique 3.
— *frappieri* Cordem. 1.
— *mauritiana* (Miers) Baker 1.
Icacina mauritiana Miers 1.

INDEX DES NOMS VERNACULAIRES

Bois bleu 3.
— de rivière 3.
— Marie 3.
Faux bois bleu 3.
Peau gris 3.

FLORE DES MASCAREIGNES

72. CÉLASTRACÉES

par W. Marais*

avec le concours de J. Bosser**

Arbres, arbrisseaux, parfois grimpants ou rampants, inermes ou épineux, ayant parfois des laticifères. Feuilles simples, alternes, en hélices ou opposées, ou fasciculées, entières, crénelées, dentées ou à marges épineuses ; stipules petites, caduques. Inflorescences cymeuses, simples ou composées ou fleurs fasciculées ou solitaires. Fleurs actinomorphes, bi- ou unisexuées et plantes monoïques ou dioïques. Sépales (3-) 4-5 (-6), habituellement imbriqués, persistants. Pétales (3-) 4-5 (-6), généralement libres et imbriqués. Étamines (2-) 3-5 (-10), le plus souvent libres entre elles, insérées en dehors ou en dedans du disque ou encore sur le disque ; anthères généralement très courtes. Disque annulaire, anguleux, crénelé ou ± lobé, concave ou convexe, habituellement charnu. Ovaire libre ou ± enfoncé dans le disque, 2-5-loculaire ; ovules 1 à nombreux dans chaque loge, collatéraux, et ordinairement dressés. Fruit, une capsule loculicide ou bacciforme ou drupacé ou sec, indéhiscent et parfois ailé. Graines avec ou sans arille, parfois ailées ; albumen présent ou non ; embryon habituellement dressé.

Famille présente dans toutes les parties du monde, sauf les régions arctiques. Les estimations du nombre de genres et d'espèces varient beaucoup. Trois genres ont des représentants indigènes aux Mascareignes. Outre les espèces traitées ci-après, Bojer, H.M. : 68, en cite d'autres comme étant cultivées, en son temps, à Maurice. Mais n'ayant aucun échantillon nous ne savons pas si elles existent encore de nos jours dans cette île.

1. Feuilles alternes, insérées en hélices ou fasciculées sur de courtes ramilles ; fruit, une capsule déhiscente ; graines ayant un arille. **1. Maytenus**
— Feuilles opposées, jamais fasciculées ; fruit drupacé, indéhiscent ; graines sans arille. **2**
2. Feuilles entières ; stigmate pelté ; style latéral sur le fruit ; drupe charnue ou à chair mince, coriace, non fibreuse. **2. Pleurostylia**
— Feuilles crénelées ; stigmate punctiforme ou faiblement lobé ; style terminal sur le fruit ; drupe à mésocarpe mince, fibreux. **3. Cassine**

1. MAYTENUS Molina

Saggio Stor. Nat. Chile : 177 (1782)

– *Gymnosporia* (Wight et Arn.) Hook. f. in Benth. et Hook., Gen. Pl. 1 : 365 (1862)

Arbres ou arbrisseaux, dressés ou grimpants ; rameaux se terminant parfois en épine, fréquemment très courts. Feuilles en hélices ou semblant être fasciculées ; stipules petites, caduques. Inflorescences cymeuses ou fleurs en fascicules, axillaires. Fleurs uni- ou bisexuées. Sépales et pétales (4-) 5 (-6), imbriqués. Étamines (4-) 5 (-6), insérées à l'extérieur du disque ; anthères introrses. Disque annulaire, entier, anguleux ou ± lobé. Ovaire supère, sessile ou ± enfoncé dans le disque, à (2-) 3 (-4) loges bi-ovulées ; ovules basaux, dressés ; style simple, court ou long ; stigmate ± lobé. Capsule coriace, ligneuse ou papyracée ou encore ± charnue,

* Royal Botanic Gardens, Kew.
** ORSTOM et Laboratoire de Phanérogamie, Muséum, Paris.

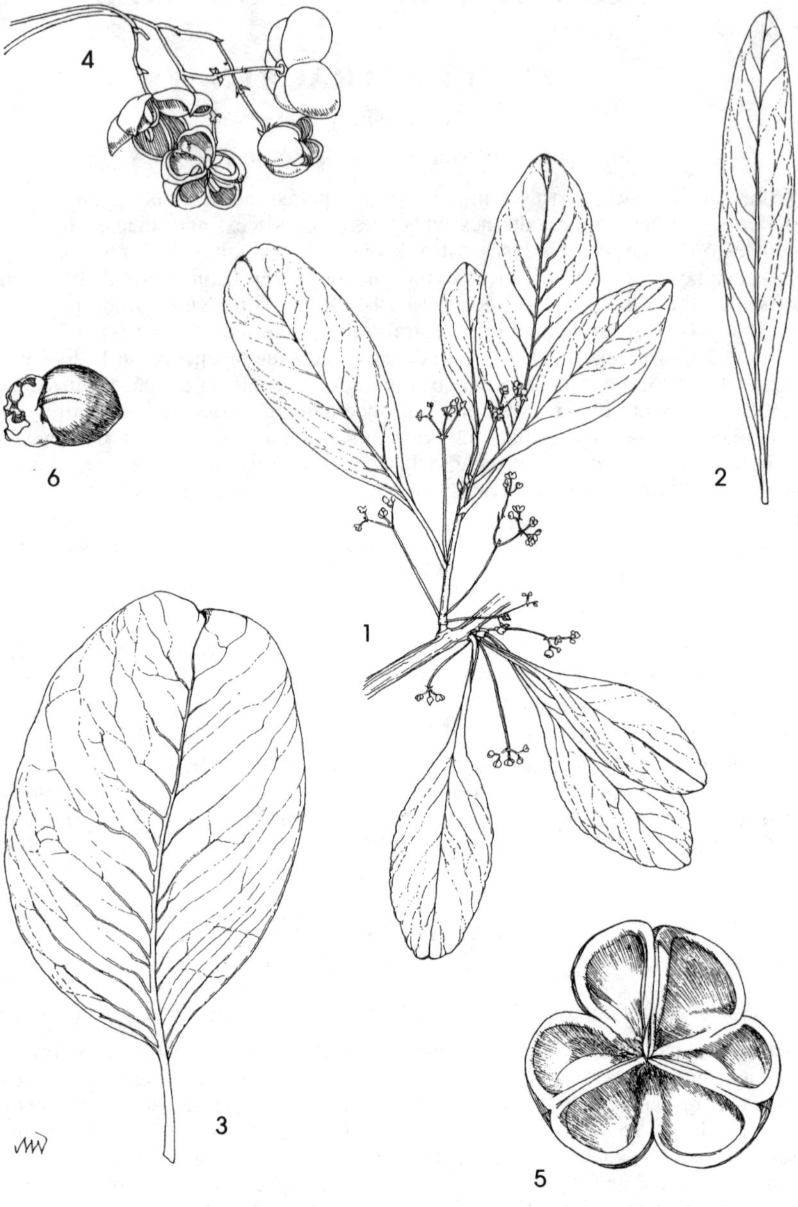

Pl. 1. — **Maytenus pyria** : **1**, rameau fleuri x 2/3 ; **2**, feuille juvénile x 2/3 ; **3**, feuille adulte x 2/3 ; **4**, capsules x 2 ; **5**, capsule ouverte x 4 ; **6**, graine x 4. (**1**, *Commerson* s.n. ; **2**, *Friedmann* 2337 ; **3**, *Friedmann* 2123 ; **4-6**, *Friedmann* 2619 (P)).

loculicide. Graines 1-6 (-8), luisantes, rougeâtres ou orangées, munies d'un arille jaunâtre, blanc ou pourpre ; albumen présent ou absent.

Genre comptant plus de 200 espèces, largement répandu sous les tropiques et dans les régions tempérées chaudes. Une espèce est endémique de Maurice.

M. pyria (Willemet) N. Robson, Bol. Soc. Broter. sér. 2, 39 : 13 (1965). Néotype : Maurice, « commune dans les forêts de l'île de France », *Bouton* 1830 (P., choisi ici)
— *Celastrus pyrius* Willemet in Usteri, Ann. Bot. 18 : 21 (1796)
— *Ilex salicifolia* Jacq., Coll. Suppl. : 36, t. 2, fig. 2 (1796), non *Maytenus salicifolia* Reiss. (1861). Décrit d'après une plante cultivée
— *Celastrus trigynus* Lam., Illust. 2 : 94 (1797) ; Bojer, H.M. : 68. Type : Maurice, *Commerson* (P-LA, holo. !)
— *C. obtusifolius* Roxb., Fl. Ind. ed. Carey 2 : 393 (1824). Décrit d'après une plante cultivée à Calcutta
— *Catha trigyna* (Lam.) C. Presl, Bot. Bemerk. : 33 (1844)
— *Gymnosporia trigyna* (Lam.) Baker, F.M.S. : 50 ; H.H. Johnston, Trans. Proc. Bot. Soc. Edinb. 20 : 320 (1895) ; R.E. Vaughan, Maur. Inst. Bull. 1 : 21 (1937)

Arbuste à rameaux retombants ou arbrisseau à rameaux longs, ± grimpants, atteignant 5 m de longueur, glabre ; rameaux à écorce grise. Feuilles insérées en hélices sur de jeunes rameaux longs, paraissant fasciculées sur de courts rameaux latéraux ; feuilles juvéniles à limbe de 5-13 x 1-2 cm, étroitement elliptique à très étroitement obovale, aigu ou arrondi, légèrement crénelé, parfois teinté ou bordé de rouge ; pétiole rouge ; feuilles adultes à limbe de (4,5-) 6-15 x (1,2-) 2-7 cm, de forme très variable, parfois sur le même rameau, étroitement elliptique à largement obovale, ± épais, coriace, crénelé ; pétiole, et parfois aussi les marges, teinté de rouge ou de rose. Cymes axillaires, lâches, pauci- à pluriflores ; bractées petites, fimbriées-lacérées ou ± dentées ; pédoncules roses, grêles, longs de 1,5-3,5 cm. Fleurs blanches. Sépales 4-5, ± circulaires ou ovales, d'environ 1,25 mm de diamètre, lacérés-fimbriés, souvent roses ou bordés de rose. Pétales circulaires-obovales, ± onguiculés, d'environ 2,5 x 2 mm, très finement denticulés. Étamines longues de 1-1,25 mm, insérées à l'extérieur du disque tétra- ou pentagone, jaunâtre. Capsule coriace, de ± 1 cm de diamètre après la déhiscence, vert clair, jaunissant en mûrissant. Graines orange foncé sur le frais, ± ellipsoïdes, d'environ 3,5 x 2,5 mm, munies d'un arille basal jaunâtre. (Pl. 1).

Nom vernaculaire : Bois à poudre.

Maurice, Endémique. L'espèce existe encore dans 3 des zones les plus sèches de l'île, de 0 à 700 m d'altitude : Mahébourg-Ferney, le Morne Brabant-le Cap et le Corps de Garde. Elle a été trouvée 2 fois sur l'île aux Aigrettes en 1888 et en 1964 et une fois sur l'îlot Four à Chaux, près de l'île aux Cerfs, en 1975. Floraison de février à avril ; fruits de mars à juillet.

L'herbier Willemet n'étant jamais arrivé à destination et étant considéré comme perdu, il était nécessaire de choisir un néotype pour cette espèce.

2. PLEUROSTYLIA Wight et Arn.

Prodr. Fl. Penins. Ind. Or. : 157 (1834)

Arbrisseaux ou arbres. Feuilles opposées ou sub-opposées, décussées, entières ; stipules petites, ± persistantes. Cymes à l'aisselle de feuilles ou de bractées, 1- ou pauciflores. Fleurs bisexuées, habituellement pentamères. Sépales et pétales imbriqués. Étamines insérées en dehors du disque ; anthères courtes, cordiformes, introrses. Disque charnu. Ovaire urcéolé, un peu noyé dans le disque, uniloculaire par avortement ; ovules 2 ou plusieurs par loge, basaux ; style court, terminal ; stigmate pelté. Fruit, une drupe charnue ou à chair mince, coriace et à endorcarpe mince, peu ossifié et souvent incomplet ; style ou cicatrice du style latéral. Graines 1 (-2), sans arille ; albumen abondant.

Petit genre comptant environ 6 espèces, 2 ou 3 d'Afrique, 1 asiatique et répandue de l'Inde à la Chine, à travers l'Asie du S.E. gagnant le Queensland et la Nouvelle-Calédonie et 3 endémiques des Mascareignes.

1. Fruit ellipsoïde. **1. P. putamen**
— Fruit globuleux à obovoïde. **2**

2. Plante hétérophylle ; fruit de 3,5-5 x 3-4 mm, le plus souvent à une seule graine. (La Réunion). **2. P. pachyphloea**
— Plante non hétérophylle ; fruit de 5,5-6,5 (-8 mm sur le frais) x 5-6 mm, souvent à deux graines. (Maurice). **3. P. leucocarpa**

1. P. putamen Marais, Kew Bull. 36 : 229 (1981) ; W. Strahm, Plant Red Data Book for Rodrigues : 75 (1989). Type : Rodrigues, Cascade Mourouc, *Lesouëf* 87 (K, holo. ! ; P, G, iso.)
— *Pleurotylia* sp., Cadet, Maur. Inst. Bull. 7 : 2 (1971)

Arbuste ou petit arbre glabre, hétérophylle, atteignant 6 m de hauteur ; écorce mince, grise ou gris brunâtre, craquelée ou cannelée longitudinalement et s'exfoliant, l'intérieur orange vif ; rameaux cylindriques, gris pâle ; ramilles jeunes ± aplaties à anguleuses, ayant une ligne saillante décurrente de chaque côté du pétiole. Feuilles juvéniles à limbe de (8-) 15-50 x (1-) 1,5-3 mm, linéaire-oblong, aigu, mucroné, subsessile, coriace ; feuilles de transition à limbe progressivement plus large, souvent ± elliptique, atteignant 7,5 cm de longueur. Feuilles adultes à pétiole long de 2-3 mm, en gouttière, parfois rouge ; limbe de 3,5-5,5 (-8,5) x 1-2,2 (-3,8) cm, étroitement obovale à obovale-elliptique, rarement largement obovale, arrondi, rétus ou émarginé au sommet et souvent ± mucronulé, en coin à la base, discolore, luisant sur la face supérieure, à nervation ascendante et réticulée mais très peu proéminente. Cymes 3-flores, fasciculées aux noeuds défeuillés ou axillaires sur de jeunes ramilles. Fleurs non vues en bon état. Pédicelle du fruit long de 2,5-3 mm. Drupe ellipsoïde, 8-9 x 4 mm (9 x 6 x 3 mm après réimbibition), charnue, blanc crème, finalement virant au brun ; chair adhérant bien au noyau, à fibres enfouies dans les sillons de l'endorcarpe ; style ou cicatrice du style sur le 1/3 inférieur du fruit ; endocarpe ellipsoïde, 7,25 x 3,75 mm, arrondi au sommet, pointu à la base, longitudinalement irrégulièrement strié. Graine de ± 6,5 x 3 mm, ellipsoïde-obovoïde, à testa brun, mince, longitudinalement ridé. (Pl. 2).

Noms vernaculaires : Bois d'olive blanc, Bois d'olive petites feuilles.

Rodrigues. Endémique. Espèce encore assez commune dans différentes parties de l'île ; dans la région côtière (Port Mathurin, Savanes-Les Graviers, Anse Mourouc, Cascade Mourouc, Plaine Corail) et à l'intérieur (Grande Montagne). Baker, F.M.S. : 219, avait mal identifié un échantillon stérile de cette plante récolté par Balfour et l'avait assimilé à une variété à larges feuilles de *Olea lancea* Lam. Balfour, B. Ro. : 355, se référant au même échantillon, disait que la plante était abondante, mais, constatant qu'elle différait de *O. lancea* par le port et l'aspect général, pensait qu'il s'agissait d'une autre plante qu'il ne put identifier.

2. P. pachyphloea Tul., Ann. Sc. Nat. ser. 4, 8 : 104 (1857) ; Cordem., F.R. : 409 ; Baill. in Grandidier, Hist. Pl. Madag., Bot., Atlas 3, t. 279 (1896 ? 1897 ?). Types : La Réunion, basses forêts du Gol, septembre 1771, *Commerson* (P) ; herb. *Thouars*, sans indication (P)
— *Euonymus myrtoides* Bojer, H.M. : 68, *nom. nud.*

Arbuste ou petit arbre hétérophylle atteignant 4 (-5) m de hauteur ; tronc de 10-25 cm de diamètre ; ramilles gris pâle, les jeunes anguleuses, ayant une ligne saillante ou même une aile étroite, décurrente, de chaque côté du pétiole. Feuilles juvéniles à limbe linéaire-elliptique, parfois ± falciforme, 6-20 x 1,5-3 mm, aigu, mucroné ou apiculé, cunéiforme à la base ; feuilles de transition à limbe elliptique à étroitement obovale, 10-23 x 3-8 mm, aigu ou arrondi. Feuilles

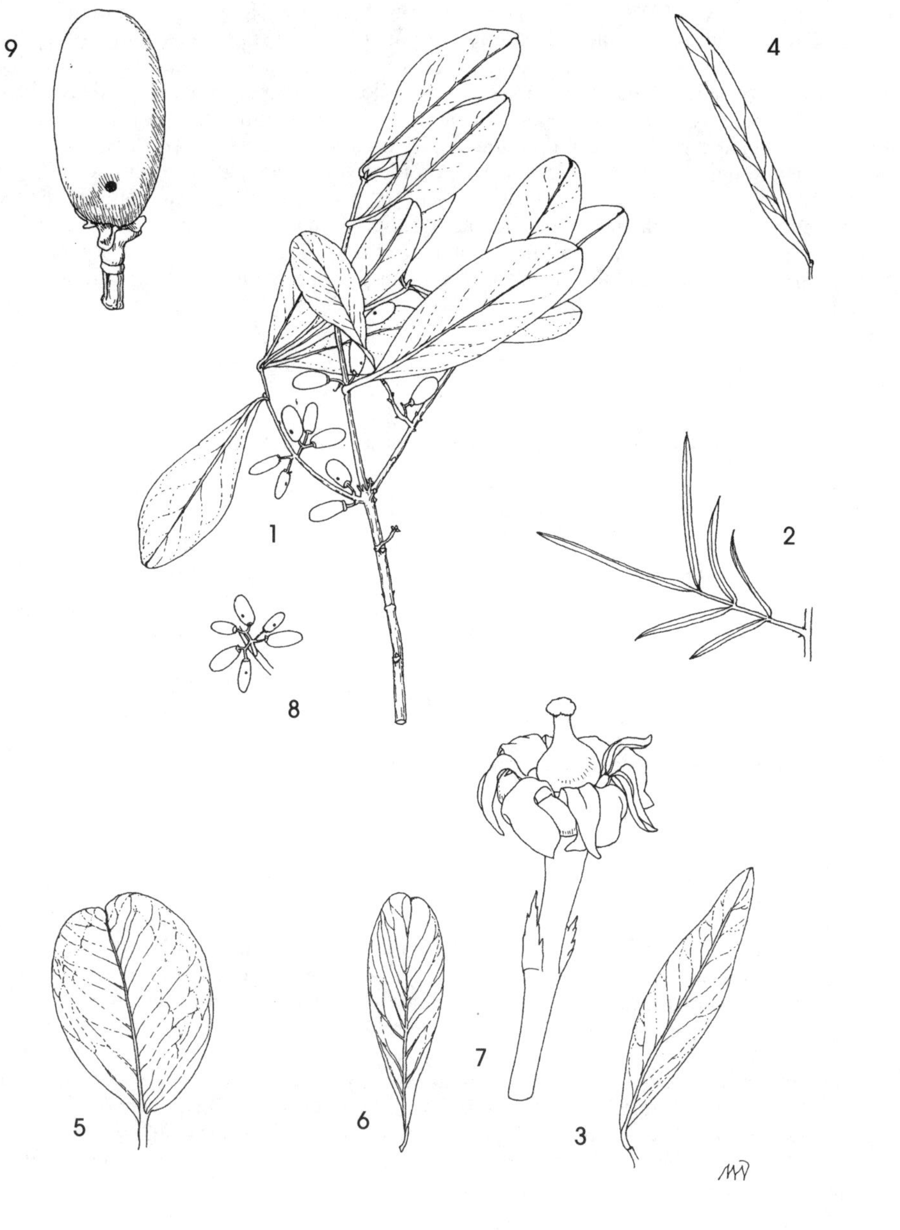

Pl. 2. — **Pleurostylia putamen** : **1**, rameau avec fruit x 2/3 ; **2**, **3** et **4** feuilles de jeunesse et de transition x 2/3 ; **5** et **6**, feuilles adultes x 2/3 ; **7**, fleur x 6 ; **8**, fruits x 2/3 ; **9**, fruit x 4. (**1, 8** et **9** *Friedmann* 2936 ; **2-6** *Cadet* 2714 ; **7**, *Wiehe* s.n.).

adultes à pétiole rouge, long de 2-3 mm ; limbe très étroitement obovale, obovale-elliptique ou obovale, 2,5-6 x (0,9-) 1,5-2,5 (-3) cm, en coin à la base et décurrent sur le pétiole, arrondi et ± apiculé au sommet, coriace, discolore, luisant sur la face supérieure, à marges épaissies, révolutées ; nervation ascendante et réticulée, saillante, surtout sur la face supérieure. Cymes d'environ 5 mm de longueur, à 1-5 fleurs, aux aisselles inférieures, dépourvues de feuilles, des rameaux latéraux nouveaux ou fasciculées sur de très courts rameaux aphylles aux aisselles défeuillées. Sépales réniformes-circulaires, 0,5 x 0,75 mm, ± persistants. Pétales circulaires-ovales à ± oblongs, d'environ 1,25 x 1 mm, tôt récurvés, ± persistants. Étamines à filet long d'environ 0,5 mm ; anthères longues d'environ 0,25 mm, ovales. Disque annulaire. Ovaire légèrement oblique ; style devenant vite latéral ; loge décentrée, les 2 ovules insérés à la base du côté le plus épais de la paroi. Fruit ± globuleux à obovoïde, latéralement ± comprimé, 3,5-5 x 3-4 mm de diamètre, blanc, à mésocarpe mince, coriace ; endocarpe très mince, fragile. Graines 1 (-2), brunes, lisses et luisantes, sphériques ou hémisphériques, d'environ 3-4 x 2,75-3 mm. (Pl. 3, 1-9).

Noms vernaculaires : Bois d'olive grosse peau ; Bois de balai et Petit bois rouge, selon Rivals ; Bois d'oiseau (à Saint Joseph selon Cordemoy).

La Réunion. Endémique. Dos d'Ane, Montagne Saint Denis, Ravine de la Grande Chaloupe, Rivière Saint Denis, Rivière des Galets, Bélouve, Route de Cilaos, Mafate, le Gol, Grand Bassin ; de 150 à 1100 m d'altitude.

Rivals note : « Ce petit arbre affectionne les remparts ensoleillés et les sols détritiques des cirques, ne s'élève guère au-dessus de 1100 m aux expositions chaudes. Non trouvé dans les forêts humides de Saint Philippe. Dispersion par les oiseaux ».

L'illustration de Baillon, in Grandidier, citée ci-dessus, comprend des dessins de boutons floraux obovoïdes, à pédicelles épais, et une section longitudinale d'un bouton montrant un ovaire petit, mal développé, placé au fond d'un réceptable cupuliforme profond. Ces boutons floraux, qui rappellent ceux des Myrtacées, sont en fait galleux. L'existence de telles galles fut d'ailleurs bien notée par Tulasne lorqu'il décrivit l'espèce en 1857. Des fleurs galleuses sont aussi présentes dans une récolte de Cordemoy venant de Mafate. Il est probable que ce fut sur une plante semblable que Cordemoy (F.R. : 410) décrivit son *Herya anomala* dont le type n'a pas été retrouvé. Il dit « *receptaculum turbinatum* » et note que l'ovaire parfois avorte. En outre, il compare la disposition des fleurs à celle des *Pleurostylia*. Les feuilles entières de cette plante font aussi plus penser à *Pleurostylia* qu'à *Cassine*. Loesener in Engl., Nat. Pflanzenfam. 20 b : 178 (1942), suggère de rapporter *Herya* à *Elaeodendron* (*Cassine*), car dans ce dernier genre les staminodes sont pétaloïdes et l'hétérophyllie existe.

Un échantillon stérile, venant de l'Ilet à Guillaume, a des feuilles plus larges que la normale.

3. P. leucocarpa Baker, F.M.S. : 49. Type : Maurice, entre le Pieter Both et la Fenêtre, *Bouton* s.n. (K, holo. !)
— *Euonymus leucocarpos* Bojer, H.M. : 68, *nom. nud.*

Arbre bas ou arbuste atteignant 5 m de hauteur ; feuillage vert pâle ou vert jaunâtre, dense. Feuilles à pétiole long de 2-4 mm, rose, ± plan sur la face supérieure ; limbe obovale-elliptique ou largement obovale à subcirculaire, 3,5-6 x 1,5-3,3 cm, arrondi et à apicule ± foncé (parfois peu apparent) à rétus ou rarement sub-aigu, cunéiforme à la base et décurrent sur le pétiole, coriace, luisant sur la face supérieure ; nervation réticulée, saillante sur les deux faces. Cymes petites, 3-6-flores, sur quelques entre-noeuds aphylles, basaux, des rameaux nouveaux de l'année. Fleurs blanc verdâtre. Sépales ± circulaires, ± 0,5 x 0,75 mm. Pétales ± circulaires, de 1,25-1,5 mm de diamètre, blancs, ± translucides. Étamines 5 (-6). Disque charnu, ± pentagonal. Ovaire enfoncé dans le disque ; style parfois subterminal sur les fruits à 2 graines ; stigmate capité. Fruit sphérique à obovoïde, 5,5-6,5 (-8 sur le frais) x 5-6 mm, jaune verdâtre. Graines 1-2. (Pl. 3, 10).

Noms vernaculaires : Bois Mozambique, Bois d'olive des Seychelles (M.).

Maurice. Endémique. Espèce occasionnelle dans les forêts entre 100 et 700 m d'altitude : Montagne des Créoles, Brise Fer, Vacoas, Corps de Garde, Réserve de Perrier, Gaulettes Serrées (Camp Thorel). Fructification de mars à mai et de août à octobre.

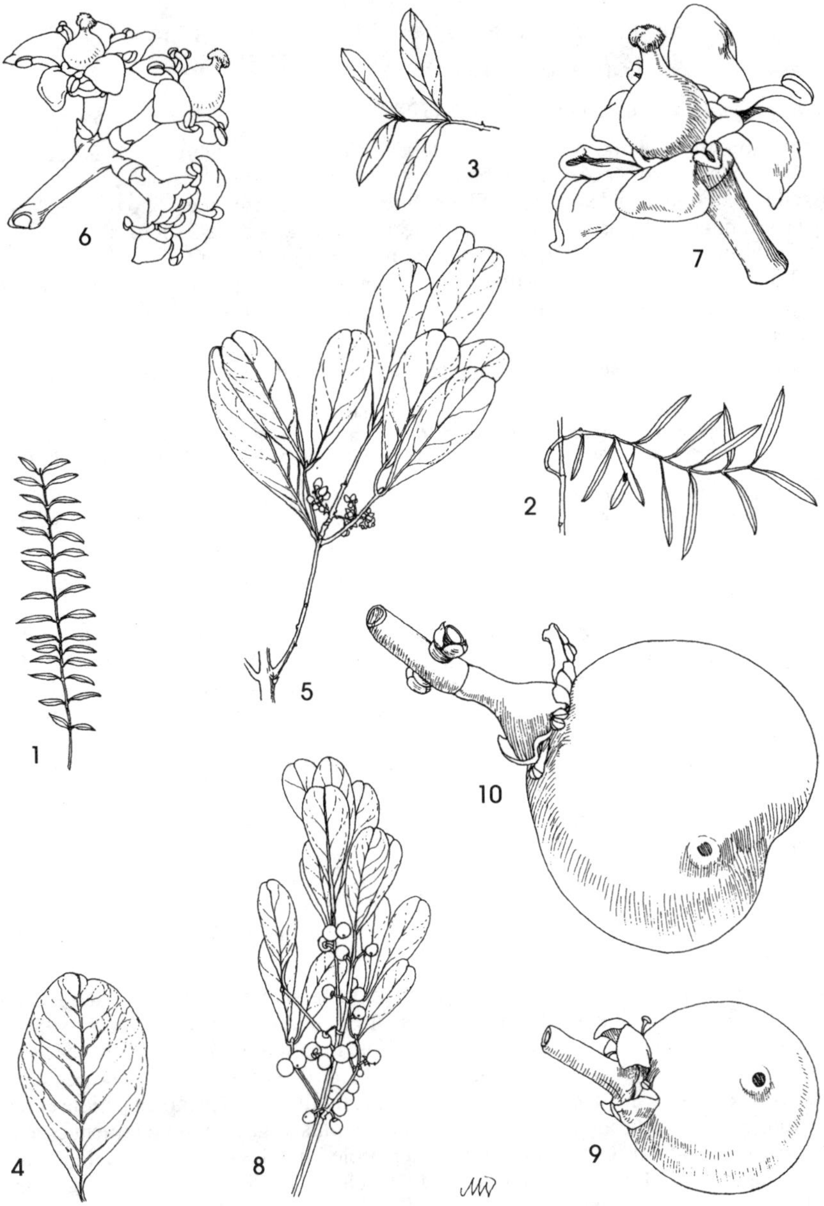

Pl. 3. — **Pleurostylia pachyphloea** : **1**-**3**, ramilles à feuilles de jeunesse et de transition x 2/3 ; **4**, feuille adulte x 2/3 ; **5**, rameau fleuri x 2/3 ; **6**, inflorescence x 3 ; **7**, fleur x 6 : **8**, rameau avec fruit x 2/3 ; **9**, fruit x 8. — **P. leucocarpa** : **10**, fruit x 8. (**1**, *Friedmann* 1788 ; **2**, *Friedmann* 1101 ; **3**, *Friedmann* 1535 ; **4**, *Friedmann* 2550 ; **5**, *Friedmann* 3194 ; **6** et **7**, *Capuron* 28194 SF ; **8**-**10**, *Lorence*).

3. CASSINE L.

Sp. Pl. : 268 (1753) ; Gen. Pl. ed. 5 : 129 (1754)

– *Elaeodendron* Jacq., Ic. Pl. Rar., t. 48 (1782)

– *Rubentia* Comm. ex Juss., Gen. Pl. : 378 (1789)

Arbres ou arbrisseaux, hétérophylles aux Mascareignes, glabres, inermes, sans latex. Feuilles généralement opposées, à limbe entier ou crénelé-serreté. Inflorescences cymeuses, aux aisselles de feuilles ou de bractées. Fleurs bisexuées ou unisexuées. Sépales et pétales 4-5, imbriqués. Étamines 4-5, insérées sur ou à l'extérieur du disque ; filets subulés ; anthères dorsifixes, à déhiscence introrse. Disque charnu, annulaire ou ± lobé. Ovaire ± enfoncé dans le disque, 2-5-loculaire ; loges 1-2-ovulées ; style court, épais ; stigmate petit. Drupe indéhiscente, à mésocarpe mince et fibreux ou un peu charnu, endocarpe coriace à ligneux. Graines 1-2 (-3), sans arille et sans albumen.

Genre d'environ 80 espèces, pantropical, surtout africain. Une espèce est endémique des Mascareignes.

Auparavant, *Elaeodendron* était considéré comme distinct de *Cassine*. En fait, aucun caractère important ne les sépare et la nature de l'endocarpe de la drupe qui varie de coriace à osseuse ou ligneuse n'est plus considérée comme suffisante pour les individualiser (voir Ding Hou, Fl. Males. 1, 6 : 284 (1963)).

Les études palynologiques de D. Lobreau-Callen (Adans. sér. 2, 15 : 215-223 (1975) et in Les Pollens des Célastrales, Mém. et Trav. Inst. Montpellier 3 (1977) la conduisent aussi à conclure à l'identité des deux genres.

C. orientalis (Jacq.) Kuntze, Rev. Gen. : 114 (1891). Décrit d'après une plante cultivée

— *Elaeodendron orientale* Jacq., Ic. Pl. Rar., t. 48 (1782) ; Ic. Pl. Rar. : 5 (1787) ; Jacq. f., Nov. Acta Helv. 1 : 36, t. 2, fig. 2 (1787) ; Lam., Illust. 1, t. 132 (1792) ; Illust. 2 : 101 (1797) ; Encycl. 4 : 537 (1798) ; DC., Prodr. 2 : 10 (1825) ; Bojer, H.M. : 69 ; Baker, F.M.S. : 49 ; Balf. f., B. Ro. : 334 ; Cordem., F.R. : 409 ; R.E. Vaughan, Maur. Inst. Bull. 1 : 21 (1937) ; Rivals, Étud. Vég. Nat. Réunion : 175 (1952) ; W. Strahm, Plant Red Data Book for Rodrigues : 73-74 (1989)

— *E. indicum* Gaertn., Fruct. 1 : 274, t. 57 (1788). Type non trouvé

— *Rubentia olivina* J.F. Gmel., Syst. Nat. ed. 13, 2 : 408 (1791). Type : ? Maurice, *Commerson* s.n. (P-JU 16058)

— *R. longifolia* Desf., Tabl. ed. 1 : 201 (1804), *nom. nud.*

— *R. mauritiana* Desf., loc. cit. (1804), *nom. nud.*

— *R. angustifolia* Colla, Hort. Ripul. App. 2 : 356 (1826). Décrit d'après une plante cultivée

Arbre généralement hétérophylle, atteignant 15 m de hauteur, à cime régulière, arrondie, à tronc de 30-90 cm de diamètre à la base, tordu et irrégulièrement cannelé ; écorce orange vif à l'intérieur. Feuilles opposées, parfois sub-opposées, rarement ternées. Feuilles des semis et des rejets de souche linéaires, souvent ± falciformes, 15-20 cm x 1,5-8 mm, sessiles, à marges révolutées, entières ou ayant quelques dents distantes ; feuilles de transition à pétiole et nervure médiane rouges, à limbe progressivement relativement plus large et plus nettement crénelé par des échancrures glanduleuses ; feuilles adultes à pétiole long de 5-20 mm, canaliculé ou plan sur la face supérieure ; limbe vernissé dessus, vert plus clair dessous, jaunâtre, gris pâle ou brun rougeâtre sur le sec, ± épais, elliptique ou elliptique-oblong à obovale, 2,5-10 x 1,5-8 cm, le plus souvent obtus au sommet et ± apiculé par une pointe creuse ou épaissie, devenant noire en séchant, à marges épaisses, révolutées, glanduleuses-crénelées ; nervation réticulée saillante sur les deux faces ; nervure médiane épaisse, saillante sur la face inférieure. Inflorescences en cymes bipares, lâches ou ± denses, multiflores à pauciflores, sur des pousses nouvelles, axillaires ou aux noeuds défeuillés, au-dessous des feuilles. Sépales 4-5, longs de 1-1,5 mm, ± circu-

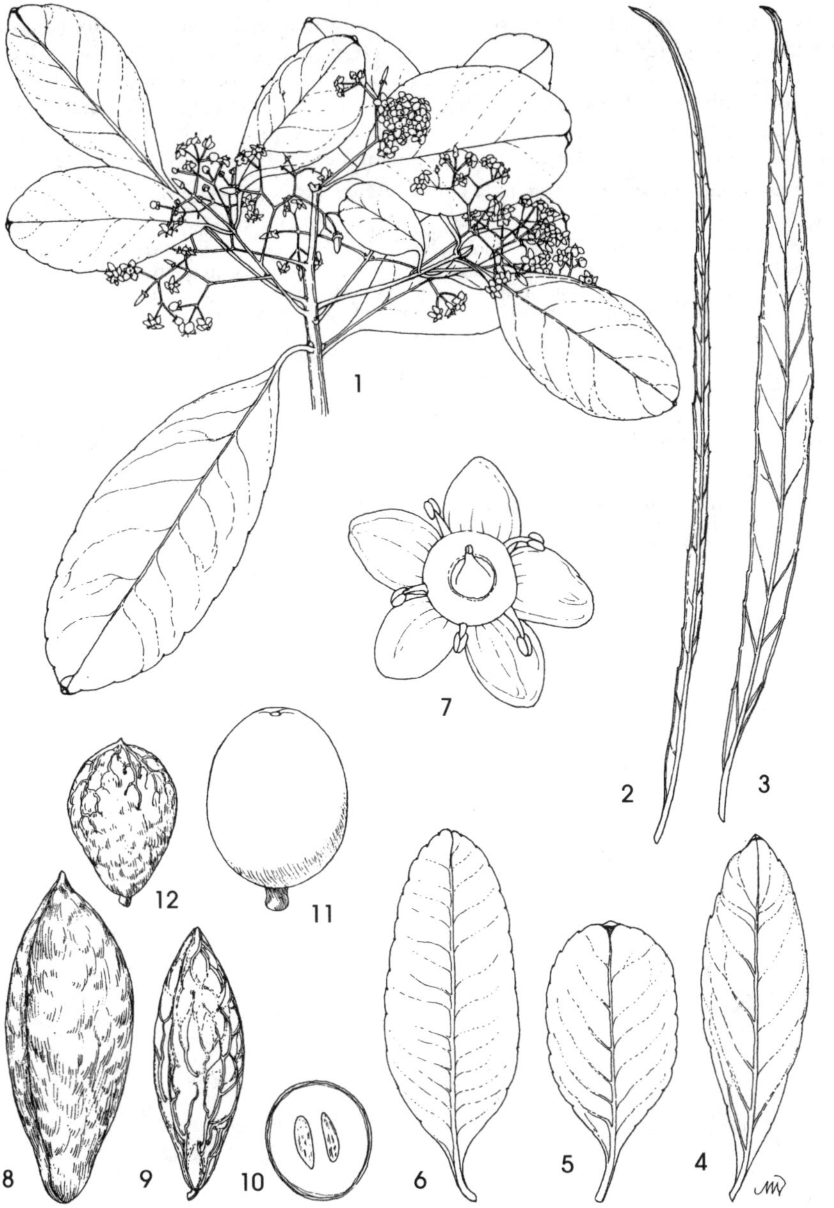

Pl. 4. — **Cassine orientalis** : **1**, rameau fleuri x 2/3 ; **2**, feuille juvénile x 2/3 ; **3**, feuille de transition x 2/3 ; **4-6**, feuilles adultes x 2/3 ; **7**, fleur x 6 ; **8** et **11**, fruit x 2 ; **9** et **12**, noyau x 2 ; **10**, fruit, coupe transversale x 2 (**1** et **7**, *Friedmann* 3375 ; **2-4**, *Commerson* s.n. ; **5**, *Bosser* 20890 ; **6** et **11**, *Coode* 4309 ; **8-10**, *Rivals* s.n. ; **12**, *Lorence* 2139).

laires ou les externes ovales, arrondis, épais. Pétales 4-5, longs de 1,75-2,25 mm, largement oblongs, arrondis, ± cuculliformes. Disque charnu, ± pentagonal. Étamines 5, longues de 0,75-1,25 mm ; filets insérés sur la marge du disque. Ovaire enfoncé à 1/2-2/3 dans le disque, bi- ou triloculaire, à deux ovules dressés dans chaque loge ; style ± épais, conique ; stigmate faiblement 2- ou 3-lobé. Drupe à 1-2 graines, 1,3-2,2 x 1-1,5 cm, fusiforme, ellipsoïde, obovale ou ± sphérique, jaune verdâtre à orange ; mésocarpe fibreux, mince ; endorcarpe osseux, à surface ± fibreuse, munie de deux sillons ± nets, irrégulièrement grêlée ou parfois ± lisse. (Pl. 4).

Noms vernaculaires : Bois rouge (R.) ; Bois d'olive (M. Ro.).

La Réunion, Maurice, Rodrigues. Endémique. Rivals, Étud. Vég. Nat. Réunion : 175-176 (1952) écrit : « Ses exigences thermiques sont assez élevées ; il atteint cependant 1100 mètres d'altitude dans les cirques, à bonne exposition. Au voisinage de la côte, on le rencontrait tout autour de l'île, mais c'est dans les lieux secs et dans la rocaille de la partie sous le vent qu'il a toujours été le plus répandu ». Cet arbre est encore commun et la régénération en est bonne. A Maurice il est commun dans les forêts indigènes à toutes les altitudes. Les plantules des arbres croissant dans les forêts humides d'altitude sont décrites comme n'ayant pas les feuilles juvéniles linéaires que l'on observe ailleurs ; « elles ont des feuilles arrondies, crénelées, à face supérieure vert sombre avec des taches plus claires » (F. Friedmann in litt.). A Rodrigues l'espèce est encore relativement commune dans les ravines des rivières et dans les vestiges de végétation primaire, à Grande Montagne, Anse Quitor, Cascade Saint Louis, Plaine Corail, Cascade Pistache, Pointe aux Cornes. Elle est localement menacée dans les endroits où les gens manquent de bois (Plaine Corail où les quelques pieds restant sont périodiquement élagués sans être toutefois totalement détruits).

Aucune corrélation entre les diverses formes du fruit et d'autres caractères n'a pu être mis en évidence. Il existe un échantillon exceptionnel provenant de Rodrigues (*Jauffret* s.n. in MAU) ayant des feuilles juvéniles linéaires et cependant déjà en fleurs.

D'après Cordemoy (F.R. : 409) et J. Guého (La végétation de l'île Maurice : 46 (1988)) la plante est utilisée dans la pharmacopée locale.

72. CÉLASTRACÉES

INDEX DES NOMS SCIENTIFIQUES

Les synonymes sont en italique. Les nombres gras indiquent les pages des illustrations.

Cassine L. 8.
— orientalis (Jacq.) Kuntze 8, **9**.
Catha trigyna (Lam.) C. Presl 3.
Celastrus obtusifolius Roxb. 3.
— *pyrius* Willemet 3.
— *trigynus* Lam. 3.
Elaeodendron Jacq. 8.
— *indicum* Gaertn. 8.
— *orientale* Jacq. 8.
Euonymus leucocarpos Bojer 6.
— *myrtoides* Bojer 4.
Gymnosporia (Wight et Arn.) Hook. f. 1.
— *trigyna* (Lam.) Baker 3.
Herya Cordem. 6.
— *anomala* Cordem. 6.
Ilex salicifolia Jacq. 3.
Maytenus Molina 1.
— pyria (Willemet) N. Robson **2**, 3.
— *salicifolia Reiss.* 3.
Pleurostylia Wight et Arn. 3.
— leucocarpa Baker 6, **7**.
— pachyphloea Tul. 4, **7**.
— putamen Marais 4, **5**.
— *sp.* 4.
Rubentia Comm. ex Juss. 8.
— *angustifolia* Colla 8.
— *longifolia* Desf. 8.
— *mauritiana* Desf. 8.
— *olivina* J.F. Gmel. 8.

INDEX DES NOMS VERNACULAIRES

Bois à poudre 3.
— de balai 6.
— d'oiseau 6.
— d'olive 10.
— " blanc 4.
— " grosse peau 6.
— " petites feuilles 4.
— " des Seychelles 6.
— Mozambique 6.
— rouge 10.
Petit bois rouge 6.

FLORE DES MASCAREIGNES

73. RHAMNACÉES

par J. Guého*

Arbrisseaux quelquefois sarmenteux, arbustes ou arbres, souvent épineux ou à rameaux spinescents, ou lianes inermes munies de vrilles, rarement herbes. Feuilles souvent caduques, simples, pétiolées, alternes, sub-opposées ou opposées ; limbe penninerve, quelquefois à 3-5 nervures proéminentes, subpalmées à la base ; marges entières ou dentées, à dents en général glanduleuses à leur extrémité ; stipules généralement petites, libres, rarement connées, caduques, quelquefois modifiées en épines. Inflorescences axillaires, formées de petites cymes 1-pauciflores, ombelliformes, corymbiformes ou capituliformes, groupées dans certains genres en thyrses étroits, terminaux ou axillaires, racémiformes ou spiciformes. Fleurs petites, pédicellées ou sessiles, le plus souvent verdâtres et jaunâtres, régulières, (4-) 5-mères, bisexuées ou unisexuées par avortement, périgynes ou épigynes. Réceptacle (hypanthe) patelliforme, hémisphérique à campanulé, portant sur son rebord, sépales, pétales et étamines, souvent accrescent après l'anthèse et persistant, tout au moins en partie, sous le fruit. Sépales triangulaires, valvaires, souvent carénés intérieurement, généralement caducs. Pétales plus courts que les sépales et alternant avec eux, souvent concaves ou en forme de capuchon et abritant l'étamine, rarement absents. Étamines opposées aux pétales ; filets souvent subulés ; anthères dorsifixes, non versatiles, à deux loges déhiscentes longitudinalement. Disque intrastaminal, nectarifère, hypogyne à épigyne. Ovaire supère ou infère ou devenant semi-infère en se développant, syncarpe, à 2-3 (-4) loges ; ovule 1 ou exceptionnellement 2 par loge, basal, ascendant, plus communément anatrope ; style unique, à 2-3 (-4) lobes. Fruit, une drupe ± charnue à un ou plusieurs noyaux 1- ou 2-3-spermés, ou une capsule peu charnue, schizocarpique, déhiscente en 3 (-4) coques bi-ailées ou non ailées, avec ou sans carpophore. Graines convexes, généralement à raphé latéral, quelquefois arillées ; albumen copieux à rare ; embryon droit ; cotylédons plats ou plan-convexes, situés souvent dans un plan tangentiel à l'axe de l'ovaire ; radicule infère.

Famille comprenant 50-55 genres et 850-900 espèces des zones tropicales et tempérées des 2 hémisphères. Aux Mascareignes 6 genres, dont 4 introduits sont représentés.

En outre *Hovenia dulcis* Thunb., plante originaire de Chine, de l'Himalaya et du Japon, est notée par Bojer, H.M. : 71, comme étant cultivée au Jardin des Pamplemousses à Maurice. Quelques exemplaires existent encore dans cette île où elle est connue sous le nom de Gateau moutaille. Elle se reconnaît à son port arborescent, ses feuilles longuement pétiolées, à limbe ovale, ses pédoncules à ramification dichotome, renflés au sommet à maturité ; ces renflements, de saveur sucrée et acidulée, sont comestibles. Bojer, H.M. : 70, signale aussi la présence de *Ventilago madraspatana* Gaertn. au Jardin des Pamplemousses, mais aucun échantillon de cette espèce n'a été vu. Il existe aussi, in P, des échantillons de *Noltea africana* (L.) Rchb.f. récoltés par Commerson à La Réunion ; c'est un arbrisseau glabre, à feuilles étroitement oblongues, serretées, qui ne semble pas s'être maintenu.

1. Pétiole long de 2 mm environ ; limbe foliaire étroitement elliptique à linéaire-oblong, 4-15 x (0,7-) 1-2,5 (-3) mm ; plante à port de bruyère, à nombreux rameaux grêles et ascendants. **1. Phylica**

— Pétiole long de plus de 2 mm ; limbe foliaire plus grand et de forme différente ; plantes n'ayant pas un port de bruyère. **2**

2. Vrilles présentes ; fruit infère, tri-ailé à maturité ; lianes pouvant atteindre 10-20 m de longueur. **2. Gouania**

* Mauritius Herbarium, M.S.I.R.I., Réduit, Mauritius.

— Vrilles absentes ; fruit totalement supère ou en partie infère, non ailé ; arbrisseaux quelquefois sarmenteux ou arbres. **3**

3. Limbe foliaire coriace, ayant au plus 5,5 x 3,5 cm ; présence d'une épine recourbée à l'aisselle de certaines feuilles. **3. Scutia**

— Limbe foliaire membraneux à subcoriace, de plus grandes dimensions ; épines absentes ou si présentes courtes, par paires et situées en-dessous et près de l'insertion du pétiole. **4**

4. Arbustes ou arbres épineux ; nervures latérales ascendantes partant de la base du limbe foliaire et atteignant presque le sommet ; fruit, une drupe charnue à noyau unique. **4. Ziziphus**

— Arbrisseaux ou arbustes inermes ; nervures latérales basales n'atteignant pas les 3/4 de la longueur du limbe foliaire ; fruit drupacé ou capsulaire, à plusieurs graines. **5**

5. Fruit drupacé, charnu, gardant à la base le réceptacle ± plat ou peu profondément concave ; inflorescence souvent racémiforme et pourvue de feuilles de taille réduite, formée de cymes corymbiformes ou ombelliformes pédonculées à sessiles ; ovaire supère. **5. Rhamnus**

— Fruit capsulaire, très peu charnu, entouré à la base par un réceptacle cupuliforme ; inflorescence, un thyrse pseudodichotome, court, composé de deux cymes racémiformes, non pourvues de feuilles de taille réduite ; ovaire semi-infère. **6. Colubrina**

1. PHYLICA L.

Sp. Pl. : 195 (1753) ; Gen. Pl. ed. 5 : 90 (1754)

N.S. Pillans, The genus *Phylica* L., Journ. S. Afr. Bot. 8 : 1-164 (1942)

Arbrisseaux ou arbustes pubescents, à rameaux dressés, souvent de port éricoïde. Feuilles alternes, courtement pétiolées ; limbe ovale, étroitement elliptique à linéaire-oblong, à marges entières, le plus souvent révolutées et recouvrant la face inférieure en totalité ou en partie ; stipules absentes (sauf chez une espèce africaine *P. stipularis* L.). Inflorescences terminales ou axillaires, en thyrses contractés, en capitules ou en épis courts, racémiformes ; bractées petites ou développées, pubescentes ; bractéoles généralement 2 ou plus nombreuses, rarement absentes. Fleurs 5-mères, régulières, bisexuées. Réceptacle campanulé à cylindrique. Sépales ascendants ou recourbés vers la mi-hauteur puis étalés, pubescents extérieurement. Pétales cucullés à concaves ou absents (non aux Mascareignes). Étamines à filet très court, comprimé dorsalement ; anthères réniformes ou ovales, à une ou deux thèques. Disque mince ou en anneau charnu. Ovaire infère, 3-loculaire ; ovules solitaires, dressés ; style unique, à stigmate faiblement trilobé. Fruit capsulaire, sphérique à obovoïde, se séparant finalement en trois coques, chacune d'elles libérant la graine par un orifice ventral. Graines subsphériques-oblongues, ± comprimées dorso-ventralement, lisses, à base entourée d'un arille lobé.

Genre comprenant une centaine d'espèces distribuées pour la presque totalité dans l'hémisphère Sud ; existant en Afrique du Sud et du Sud-Est et dans certaines des îles de l'Océan Indien (Madagascar, les Mascareignes, Iles Saint Paul et Amsterdam) et de l'Océan Atlantique Sud (Sainte Hélène, Tristan d'Acunha, Gough, Nightingale et Inaccessible). Aux Mascareignes, une espèce endémique de La Réunion et de Maurice.

Il existe dans l'herbier Caströmii au Museo Botanico de Stockholm un échantillon de *P. arborea* Thouars étiqueté comme ayant été récolté à Maurice par C.F. Groëndal (durant les années 1790-95 vraisemblablement). L'espèce n'ayant jamais été récoltée à nouveau aux Mascareignes, nous pensons qu'il s'agit d'une indication de localité erronée. Cette espèce est connue des îles Amsterdam, Tristan d'Acunha, Nigthingale et Inaccessible.

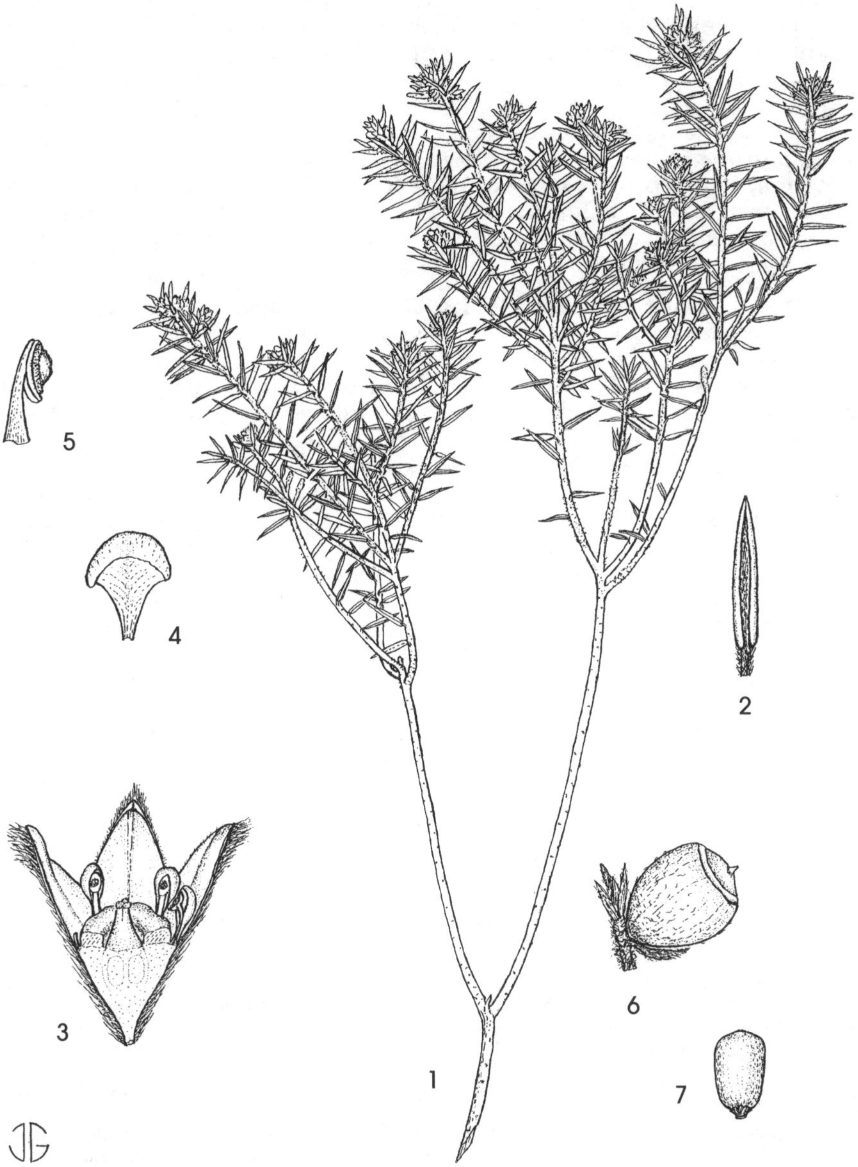

Pl. 1. — **Phylica nitida** : **1**, rameau fleuri x 1 ; **2**, feuille, face inférieure, montrant l'enroulement des marges x 4 ; **3**, coupe longitudinale de la fleur x 18 ; **4**, pétale, vue de face x 30 ; **5**, étamine x 30 ; **6**, fruit x 7 ; **7**, graine, face dorsale x 8. (**1**-**2**, *Cadet* 4086 ; **3**-**5**, *Cadet* 2219 ; **6**-**7**, *Guého* MAU 15276).

P. nitida Lam., Encycl. 2 : 77 (1797) ; Guého, Adans. sér. 2, 15, 4 : 509-513 (1976). Type : s. col., s. loc., mais vraisemblablement La Réunion, *Commerson* (P-LA, holo. ! ; K, MAU, P, P-JU 16174 et 16175, isos. !)
— *Blaeria leucocephala* Bory, Voy. 3 : 172 (1804). Type : La Réunion, *Bory* (P, iso. !)
— *P. leucocephala* (Bory) Cordem., F.R. : 414
— *P. mauritiana* Bojer, H.M. : 70, *nom. nud.*
— *P. mauritiana* Bojer ex Baker, F.M.S. : 53 ; Pillans, op. cit. : 26 (1942) ; R.E. Vaughan, Maur. Inst. Bull. 1 : 21 (1937). Type : Maurice, *Bojer* (K, holo. !)
— *P. mauritiana* var. *linearifolia* Pillans, op. cit. : 26 (1942). Type : Maurice, *Commerson* (P, holo. !)

Arbrisseau pouvant atteindre 2-3 m de hauteur, très ramifié ; rameaux dressés, grêles, feuillus et recouverts de poils laineux-blanchâtres aux extrémités. Feuilles nombreuses, rapprochées, dressées à ± réfléchies ; pétiole long de 1-2 mm, ascendant ; limbe étroitement elliptique à linéaire-oblong, 4-15 x (0,7-) 1-2,5 (-3) mm, arrondi à la base, obtus à apiculé au sommet, déprimé sur la face supérieure le long de la nervure médiane ; marges révolutées, le plus souvent recouvrant la face inférieure du limbe sauf la nervure médiane ; face supérieure des jeunes feuilles séricée, glabrescente, luisante au stade adulte et finalement ridée ; face inférieure densément recouverte de poils blanchâtres, laineux. Inflorescences terminales, en capitules pluriflores, denses, arrondis à hémisphériques, de 0,5-1 cm de diamètre, solitaires ou par 2-4 au sommet du rameau ; bractées longues de 3-4 mm, oblongues, aiguës, densément villeuses ; bractéoles 2, linéaires, villeuses, parfois présentes. Fleurs longues de 2,5-3 mm, courtement pédicellées à sessiles, densément recouvertes à l'extérieur de longs poils ascendants, soyeux, de couleur grise, glabres à l'intérieur. Réceptacle obconique à campanulé, de 1,5-2 mm de diamètre au sommet. Disque charnu. Sépales longs de 1-1,3 mm, ovales, aigus. Pétales longs de 0,5 mm environ, subcirculaires à largement obovales, cuculliformes, à onglet obtriangulaire ou linéaire-oblong, long de ± 0,2 mm. Anthères uniloculaires. Ovaire obconique ; style long de 0,5 mm environ, conique ; stigmate à trois lobes obtus. Fruit pourpre-noirâtre à maturité, oblong à sphérique, long de 4-5 mm, à poils villeux clairsemés. Graines obovales-oblongues, 3 x 2 mm environ, marron foncé, lisses ; arille blanchâtre, découpé en lanières. (Pl. 1).

Noms vernaculaires : Ambaville (R.) ; Bruyère (M.).

La Réunion, Maurice. Endémique. Espèce caractéristique des formations arbustives d'altitude (650-2000 m), croissant généralement sur sol bien drainé. A La Réunion on la rencontre communément sur des versants pierreux, des crêtes de colline exposées au vent où elle forme avec d'autres arbustes à port ± éricoïde, dont *Philippia montana* (Willd.) Klotzsch, (*Erica reunionensis* E.G.H. Oliver) un type de fourré caractéristique, existant à partir du niveau supérieur de la forêt. A des altitudes supérieures (2500-3000 m), elle croît çà et là en touffes basses en compagnie de *Stoebe passerinoides* (Lam.) Willd. Dans cette île, l'espèce a été récoltée dans de nombreuses stations : Bébour, Nez de Boeuf, Plaine des Cafres, le Volcan, la Grande Montagne, le Cratère Commerson, le Piton des Neiges. A Maurice elle existe sur des sols latéritiques acides, à Pétrin, à Plaine Champagne, et sur le flanc Nord de la Montagne La Selle.

L'espèce est très variable dans son port et sa morphologie, ceci étant dû à des facteurs écologiques et physiologiques, et il n'est guère possible d'établir valablement des distinctions infraspécifiques.

Lamarck décrivit l'espèce comme originaire du Cap de Bonne Espérance, sur une récolte supposée faite par Sonnerat. L'échantillon in P-LA ne porte aucune indication. Il s'agit en fait d'une récolte de Commerson de La Réunion dont une part, in P, est annotée « les hauts de la Plaine des Cafres, 1771 ». (Voir J. Guého, loc. cit. (1976)). Selon Pillans, dans sa révision du genre *Phylica* (1942), *P. nitida* existerait également à Madagascar où elle aurait été récoltée par Chapelier (58 in Herb. *Kunth*), mais n'ayant pas retrouvé cet échantillon nous ne pouvons confirmer son existence dans cette île.

Les noms vernaculaires Ambaville (R.) et Bruyère (M.) sont surtout employés pour désigner respectivement *Hubertia ambavilla* Bory et divers *Philippia* (*Erica*), ils sont appliqués au *Phylica* à cause d'une certaine analogie d'aspect avec ces plantes.

2. GOUANIA Jacq.

Select. Stirp. Amer. Hist. : 263 (1763)

Lianes inermes, à vrilles circinées. Feuilles alternes, pétiolées ; limbe penninerve, souvent à 3-5 nervures subpalmées à la base, à marges entières ou ± dentées-glanduleuses ; stipules présentes, caduques. Inflorescences terminales, en thyrses spiciformes ± denses, formés de cymes sessiles ou ± longuement pédonculées, à la base les cymes souvent axillaires d'une feuille. Fleurs 5-mères, épigynes, bisexuées ou polygames. Sépales valvaires. Pétales ± cuculliformes et onguiculés. Étamines englobées par les pétales. Disque large, à 5 lobes ± développés, opposés aux sépales. Ovaire infère, obconique, triloculaire, à loges uni-ovulées ; style réduit dans les fleurs mâles. Fruit capsulaire, schizocarpique, ± coriace, triptère (aux Mascareignes), les ailes se développant lentement pendant la maturation, finalement déhiscent en trois méricarpes ailés ; columelle centrale persistante. Graines ovoïdes, ± plan-convexes ; testa lisse et brillant, grisâtre ou noirâtre.

Genre pantropical comptant environ 15 espèces d'Amérique, d'Asie, d'Afrique, de Madagascar et des îles de la partie Ouest de l'océan Indien. Trois espèces existent aux Mascareignes. Un échantillon en fruits (in P), dit récolté par Commerson à Maurice, ne correspond pas aux *Gouania* connus de l'île. Il peut se rattacher soit à *G. leptostachya* DC. d'Asie soit à *G. lupuloides* (L.) Urb. des Antilles, dont les fruits sont très semblables. Plante anciennement introduite et cultivée au Jardin des Pamplemousses ou échantillon à étiquetage erroné ? Quoiqu'il en soit cette espèce n'a pas été récoltée depuis à Maurice. *G. sulcata* Bojer (H.M. : 71, *nom. nud.*) est dit par Bojer venir de Madagascar où il existe « dans les grandes forêts appelées Befouroun » (Beforona, Est de Périnet) et être cultivé à Réduit. H. Perrier in Humbert, Fl. Madag., fam. 123 : 41 (1950), en fait un synonyme de *G. glandulosa* Boivin ex Tul. Il a vraisemblablement raison, mais nous n'avons pu voir aucun échantillon de Bojer pouvant être rattaché à cette espèce qui semble aussi avoir disparu des Mascareignes.

Gaertner, Fruct. 2 : 187, t. 120/4 (1791), a décrit son *Retinaria scandens* d'après un fruit récolté par Hermann à Maurice. R.B. Drummond, Fl. E. Trop. Afric. 2, 2 : 435 (1966), n'ayant pas retrouvé ce fruit, prend pour lectotype de l'espèce, l'illustration faite par Gaertner et il fait la nouvelle combinaison : *Gouania scandens* (Gaertn.) R.B. Drummond ; il applique ce nom à des plantes du Mozambique, du Tanganyika et des « îles de l'océan Indien ». En la circonstance, nous admettons que le fruit récolté par Hermann vient bien de Maurice. Or tout le matériel, ancien comme moderne, venant de cette île, appartient soit à *G. tiliifolia*, soit à *G. mauritiana*. La description de Gaertner de *R. scandens*, comme la figure qui l'accompagne, correspond bien au fruit de *G. tiliifolia*, et il n'y a aucune raison d'assimiler à *R. scandens*, comme le fait Drummond, du matériel africain, même si le fruit, par la forme et la taille, se rapproche de celui de *G. tiliifolia*. Nous pensons donc, qu'en toute logique, comme le faisait déjà Baker, F.M.S. : 52, il faut considérer *Retinaria scandens* comme un synonyme de *G. tiliifolia*.

Le matériel africain cité par Drummond est à rattacher, comme le fait F. Friedmann in Fl. Seychelles : 394 (1994), à *G. laxiflora* Tul., espèce décrite des Comores (Mayotte) et existant aussi à Madagascar, Aldabra, Cosmoledo et en Afrique de l'Est.

1. Feuilles à pilosité séricée-veloutée, dense à tous âges, sur le limbe et ses nervures ; disque floral à lobes courts, tronqués ou arrondis. **1. G. mauritiana**
— Feuilles pileuses à l'état jeune, puis glabrescentes ; disque floral à lobes allongés. **2**
2. Limbe foliaire en général nettement cordé à la base ; fascicules floraux sessiles ou courtement pédonculés. (Maurice, La Réunion ?). **2. G. tiliifolia**
— Limbe foliaire arrondi à faiblement cordé à la base ; fascicules floraux de la base de l'inflorescence à pédoncules grêles, bien développés. (Rodrigues). **3. G. leguatii**

1. G. mauritiana Lam., Encycl. 3 : 5 (1789) ; Bojer, H.M. : 71 ; Baker, F.M.S. : 53 ; Cordem., F.R. : 414 ; J. Dupont, J.C. Girard, M. Guinet, Flore en détresse, Livre rouge plantes indigènes menacées à La Réunion : 71, fig., photo n° 21 (1989). Type : La Réunion ou Maurice, un échantillon provenant de culture à Paris (P-LA, holo. !)
— *G. mauritiana* subsp. *typica*, H. Perrier in Humbert, Fl. Madag., fam. 123, Rhamnacées : 43-46 (1950)

— *G. sericea* Sieber ex Tul., Ann. Sc. Nat. Bot. Paris, sér. 4, 8 : 134 (1857), non Hilsenberg ex Presl. (1845). Type : Maurice, *Sieber*, Fl. Maurit. II, n° 282, cultivé à Réduit (P, holo. !), *nom. illégit.*

subsp. **mauritiana**. Liane robuste, grimpant jusqu'à la cime des plus grands arbres ; tiges atteignant à la base 5 cm de diamètre ; écorce noirâtre ; jeunes vrilles et rameaux juvéniles ou fleuris couverts d'une pilosité rougeâtre, très dense, persistante. Feuilles à limbe ovale à largement ovale, (3-) 4-7,5 (-9) x (1,5-) 2-4 (-5) cm, aigu ou sub-acuminé au sommet, arrondi, tronqué ou un peu cordé à la base, recouvert sur les deux faces d'une pilosité séricée gris jaunâtre, en général très dense (moins dense sur certains rejets), ces poils devenant roussâtres sur les nervures principales sur la face inférieure ; marges entières ou faiblement denticulées-glanduleuses ; les feuilles des rejets parfois à marges grossièrement et ± profondément dentées ; pétiole grêle, long de 8-15 (-25) mm, couvert de poils ferrugineux denses ; stipules étroitement triangulaires à linéaires, longues de 3-5 mm, caduques, ± pileuses. Inflorescences longues de 5-16 cm, spiciformes, à axe grêle couvert de poils ferrugineux ou roussâtres très denses. Fleurs groupées par 2-12 en cymes denses, sessiles ou courtement pédonculées, sous-tendues par des bractées triangulaires-aiguës, celles de la base de l'inflorescence atteignant 4-5 mm de longueur, glabres sur la face interne, pubescentes-roussâtres sur le dos ; cymes inférieures pouvant être distantes de 5-7 mm. Fleurs crème, de 3-4 mm de diamètre, sessiles à courtement pédicellées. Sépales largement triangulaires-aigus, 1,5-1,8 x 2 mm, glabres sur la face interne et portant une carène médiane, pileux sur le dos. Pétales cuculliformes, arrondis au sommet, rétrécis à la base, glabres, longs de 1,2-1,4 mm. Étamines à anthère subglobuleuse, longue de 0,3-0,4 mm. Lobes du disque courts, arrondis ou tronqués et faiblement émarginés au sommet. Ovaire obconique, à pubescence dense ; style allongé, trifide dans les fleurs bisexuées, rudimentaire et seulement trilobé dans les fleurs mâles. Fruit jeune aptère, ± pubescent-roussâtre ou -jaunâtre, puis glabrescent, devenant triptère, transversalement elliptique, 7-10 x 9-14 mm. Graines noires ou brunes, luisantes, largement ovales, 3,5 x 2,5 mm. (Pl. 2, 1-6).

Noms vernaculaires : Liane Montbrun ; Liane savon velue ; Petite liane noire (R.).

La Réunion, Maurice. Cettes espèce semble être, aux Mascareignes, en voie de disparition. Il n'est pas absolument certain qu'elle ait existé à Maurice. Bojer dit cependant qu'elle croissait « sur les lisières des forêts de la Savanne et du Grand Port ». L'échantillon de Sieber, type du *G. sericea*, a été récolté dans le Jardin du Gouvernement à Réduit, sur une plante vraisemblablement introduite. Seuls quelques échantillons anciens de Commerson portent la mention « Isle de France ». De nos jours, la plante n'a pas été retrouvée à Maurice. A La Réunion, où elle était certainement assez commune, elle n'a été récoltée récemment qu'aux environs de Cilaos.

A Madagascar et aux Comores, où, d'après H. Perrier in Humbert, op. cit. : 45-48 (1950), la forme typique n'existe pas, 3 sous-espèces et 2 variétés ont été distinguées. Ce sont des plantes de forêt qui peuvent persister dans la végétation et les broussailles secondaires.

2. G. tiliifolia Lam., Encycl. 3 : 5 (1789) ; DC., Prodr. 2 : 40 (1825) ; Bojer, H.M. : 71 ; Baker, F.M.S. : 52 ; Cordem., F.R. : 414 ; R.E. Vaughan, Maur. Inst. Bull. 1 : 21 (1937). Type : La Réunion, *Commerson* s.n. (P-LA, holo. ! ; P, P-JU 16194, isos. !)

— *Retinaria scandens* Gaertn., Fruct. 2 : 187, t. 120/4 (1791). Type : Maurice (lecto., Gaertner, Fruct. 2, t. 120/4)

— *G. stadtmannii* Willemet in Usteri, Ann. Bot. Leipzig 18 : 58 (1796). Type : Maurice, *Stadman*, non trouvé

— *G. retinaria* DC., Prodr. 2 : 40 (1825) *nom. illegit.*

— *G. scandens* (Gaertn.) R.B. Drummond, Fl. Zambes. 2 : 435 (1966), pour ce qui est du nom

Liane robuste ; tiges atteignant 4-5 cm de diamètre à la base ; rameaux cylindriques, striés longitudinalement sur le sec et ± côtelés dans les parties ultimes, portant au stade jeune des poils villeux roussâtres, denses, tôt caducs ; jeunes vrilles portant les mêmes poils, glabrescentes. Feuilles à limbe ovale à largement ovale à subcirculaire, (4-) 5-9 x (3-) 5-6 (-7,5) cm,

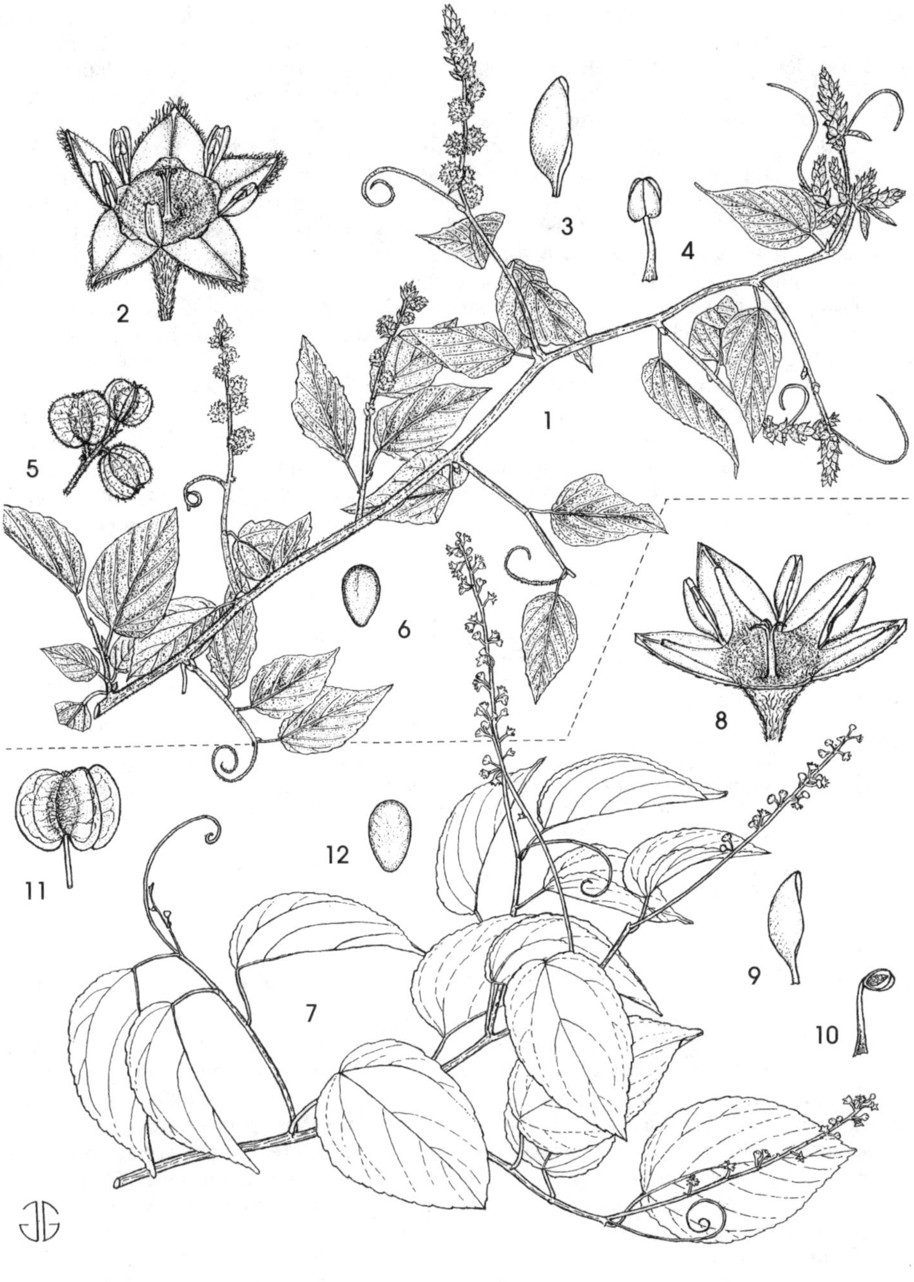

Pl. 2 — **Gouania mauritiana** ssp. **mauritiana** : **1**, rameau fleuri x 1 ; **2**, fleur femelle x 15 ; **3**, pétale, vue latérale x 30 ; **4**, étamine x 30 ; **5**, portion de l'infrutescence x 2 ; **6**, graine, face ventrale x 6. — **G. tiliifolia** : **7**, rameau fleuri x 1 ; **8**, fleur, 1 pétale et 1 lobe du disque enlevés x 15 ; **9**, pétale, vue latérale x 20 ; **10**, étamine x 20 ; **11**, fruit x 2 ; **12**, graine, face ventrale x 6. (**1-6**, *Cadet* 1831 ; **7-10**, *Vaughan* MAU 12061 ; **11-12**, *Guého* MAU 17901).

courtement acuminé au sommet, arrondi et plus souvent cordé à la base ; face supérieure glabre ou portant au stade jeune des zones de poils tôt caducs entre les nervures ; face inférieure pileuse sur les nervures principales, cette pilosité ± caduque ; marges peu profondément crénelées, à dents arrondies, glanduleuses, les glandes noicissant et bien visibles sur le sec ; pétiole long de 1-2 cm, canaliculé dessus, à pubescence roussâtre caduque ; stipules triangulaires, longues de 3 mm environ, laissant une cicatrice noirâtre. Inflorescences pouvant atteindre 15 cm de longueur, en thyrses spiciformes à axe robuste, à pubescence rousse, dense ; cymes 4-8-flores, sessiles à très courtement pédonculées, distantes à la base de 4-5 mm ; bractées triangulaires, longues de ± 2,5 mm, pileuses sur les bords, noirâtres sur le sec, caduques ; pédicelles longs de 1-3 mm, à pubescence dense, roussâtre. Fleurs de 4-6 mm de diamètre. Sépales largement triangulaires, 1,8-2 x 1,5 mm environ, portant au sommet une petite glande noire sur le sec, et sur le dos des poils roussâtres clairsemés. Pétales glabres, cucullés, arrondis au sommet, rétrécis à la base en onglet court, longs de 1,5 mm environ. Étamines à anthère subglobuleuse, longue de 0,4-0,5 mm. Lobes du disque ligulés, atteignant de 1/2 à 2/3 de la longueur des sépales, tronqués et bilobulés à bifides au sommet. Réceptacle obconique, portant, comme la face externe des sépales, des poils roussâtres clairsemés. Style allongé et trifide dans les fleurs bisexuées, court dans les fleurs mâles. Infrutescences atteignant 30 cm de longueur, à axe robuste, dressé. Fruit mûr plus large que haut, 10-11 x 12-15 mm, largement et profondément échancré au sommet, plus étroitement à la base, glabrescent, triptère, à ailes arrondies, épaisses, cartilagineuses. Graines obovoïdes, faiblement plan-convexes, 3-3,2 x 2 mm, noirâtres, lisses et brillantes. (Pl. 2, 7-12).

Nom vernaculaire : Liane charretiers (M.).

La Réunion ?, Maurice. Endémique. Cettes espèce semble avoir disparu de La Réunion, ou, peut-être, n'y a-t-elle jamais existé, les étiquettes des récoltes anciennes, *Commerson*, s.n. et *Léman* s.n., qui la situent dans cette île, pouvant être erronées. A Maurice elle est actuellement assez rare et persiste sous forme d'individus isolés en forêt (Baie du Cap, Bel Ombre, Bassin Blanc, Réserve de Perrier, ainsi que dans quelques autres stations).

Tulasne, Ann. Sc. Nat. Bot. Paris sér. 4, 8 : 130 (1857), rattache l'échantillon *Commerson* 626 de Maurice à *G. glandulosa* Boivin ex Tul. qui est une espèce de l'Est malgache. Cet échantillon est en fruits mûrs ou proches de la maturité, les graines étant déjà formées. Nous pensons qu'il s'agit plutôt d'un échantillon de *G. tiliifolia*, car les fruits et les graines de *G. glandulosa* sont nettement différents. Les feuilles, bien que peu nombreuses sur l'échantillon, portent sur les marges les glandes noirâtres caractéristiques de *G. tiliifolia*.

3. G. leguatii J. Guého, Adans. 18, 2e sér. : 483 (1979) : W. Strahm, Plant Red Data Book for Rodrigues : 148-149, fig. (1989). Type : Rodrigues, Cascade Victoire, *Jauffret* 129 (MAU, holo. !)

— *G. retinaria* auct. non DC. : Balf. f., B. Ro. : 335

— *G. tiliaefolia* auct. non Lam. : Baker, F.M.S. : 52, *pro parte*

Liane ligneuse ; parties jeunes à pilosité ferrugineuse ± dense, devenant plus pâle et caduque ; stipules étroitement triangulaires à linéaires, longues de 2-3 mm environ, portant des poils soyeux, jaunâtres, vers le sommet et le long des marges. Feuilles à limbe membraneux, étroitement à largement ovale, (3,5-) 4-6,5 x 2-5 cm (pouvant vraisemblablement être plus grand), arrondi ou tronqué à la base (non nettement cordé), ± longuement acuminé au sommet ; face supérieure glabrescente, à nervures non saillantes ; face inférieure à nervures principales proéminentes gardant plus longtemps leur pilosité ; 5-6 paires de nervures secondaires ascendantes ; marges entières, un peu ondulées, devenant denticulées à dentées-glanduleuses vers le sommet ; pétiole grêle, long de 1,5-2,5 cm. Inflorescences en thyrses racémiformes, lâches, ayant à leur base quelques cymes pédonculées à l'aisselle de feuilles ; axes grêles, flexueux, longs de 5-10 cm, à pilosité ± lâche ; bractées ovales, brunâtres, ± pileuses sur les bords, longues de 2 mm environ. Cymes de 4-10 fleurs, à pédoncule atteignant à la base de l'inflorescence 1 cm de longueur, pouvant être distantes de 0,5-1 cm, plus rapprochées vers le sommet de l'inflorescence ; pédicelles grêles, atteignant 2-2,5 mm de longueur, glabrescents. Fleurs de 4-

Pl. 3. — **Gouania leguatii** : **1**, rameau fleuri x 1 ; **2**, fleur, vue latérale x 13 ; **3**, fleur femelle, 2 sépales enlevés x 17 ; **4**, pétale, vue latérale x 23 ; **5**, étamine x 23 ; **6**, rameau fructifié x 1 ; **7**, fruit déhiscent montrant les trois coques et les carpophores x 3/2. (**1**, *Jauffret* MAU 129 ; **2-5**, échantillon en alcool, MAU 129 ; **6-7**, *Jauffret* MAU R/105).

4,5 mm de diamètre. Calice glabre ou muni de quelques rares poils sur la face externe ; sépales largement aigus, longs de 1,5 mm, un peu épais. Pétales cucullés, membraneux, longs de 1 mm environ, arrondis au sommet, rétrécis et sub-onguiculés à la base. Étamines à anthère subglobuleuse, longue de 0,3-0,4 mm. Disque à lobes ligulés, ± aussi longs que les sépales, sub-aigus ou un peu tronqués au sommet. Style bien développé, long de 1 mm, trifide au sommet dans les fleurs bisexuées, très court, affleurant au fond de la coupe calicinale et seulement trilobé au sommet dans les fleurs mâles. Fruit triptère, de 1,3-1,5 cm de hauteur, 1,5-1,7 cm de largeur, échancré au sommet et obcordiforme ou un peu échancré aussi à la base ; assise externe du péricarpe brun clair, mince, se désagrégeant à maturité et laissant voir le réseau des nervures. Graines gris jaunâtre, lisses, luisantes, obovales, atteignant 4-4,5 x 3 mm. (Pl. 3).

Rodrigues. Endémique. Espèce proche de *G. laxiflora* Tul., s'en distinguant par ses cymes florales nettement pédonculées et par ses fleurs plus longuement pédicellées. Balfour dit qu'il n'a trouvé cette plante que deux fois, dans les parties hautes de l'île. Depuis elle n'a été récoltée que par Jauffret en 1940-42 à Cascade Victoire, et, plus récemment, par J.Y. Lesouëf et W. Strahm à Cascade Mourouc. Des boutures cultivées au Conservatoire Botanique de Brest ne se sont pas maintenues.

3. SCUTIA Brongn. *nom. cons.*

Mém. Fam. Rhamn. : 55 (1826)

Arbrisseaux ou arbustes spinescents (les rameaux fleuris ou en fruits souvent sans épines), glabres ou, au plus, pubérulents sur les parties jeunes ; aiguillons ou crochets axillaires, solitaires ; stipules petites, caduques. Feuilles courtement pétiolées, opposées à sub-opposées, penninerves, entières à peu nettement crénelées. Inflorescences axillaires, en cymes de petite taille, parfois sessiles, ou fleurs solitaires. Fleurs (4) -5-mères, hermaphrodites. Disque tapissant en couche mince le réceptable. Ovaire à 2-3 loges, non adhérent au disque ; style court, faiblement 2-3-lobé au sommet. Fruit, une drupe subglobuleuse, entourée à sa base par une cupule formée par le réceptable accrescent, pulpeuse à maturité, contenant 2-3 noyaux unispermes ne possédant pas d'orifice ni de fente ventraux et à déhiscence irrégulière.

Genre comprenant 4 espèces des régions tropicales dont 3 existent en Amérique du Sud. *S. myrtina* (Burm.f.) Kurz, de vaste répartition, est présente aux Mascareignes, à Madagascar, aux Seychelles, en Afrique et en Asie.

S. myrtina (Burm.f.) Kurz, Journ. Asiat. Soc. Beng. 44, 2 : 168 (1875). Type : Inde, Coromandel, collecteur inconnu (G, non trouvé)
— *Rhamnus myrtina* Burm.f., Fl. Ind. : 60 (1768), [*myrtinus*]
— *R. lucida* Roxb., Fl. Ind. 2 : 353 (1824) ; Bojer, H.M. : 70 [*lucidus*]. Type : Maurice, (?) *Roxburgh* (BM, holo.)
— *S. commersonii* Brongn., Mém. Fam. Rhamn. : 56, t. 4 (1826) ; Baker, F.M.S. : 51 ; Balf. f., B. Ro. : 334 ; Cordem., F.R. : 413 ; R.E. Vaughan, Maur. Inst. Bull. 1 : 22 (1937). Type : La Réunion, *Commerson* (P, holo. !)

Arbrisseau à arbuste pouvant être ± grimpant en forêt et atteignant jusqu'à 10 m ou plus, en lieux découverts de taille plus petite (2-4 m) et à branches décombantes et intriquées ; tronc pouvant atteindre 8-10 cm de diamètre ; écorce brun foncé à noirâtre, subéreuse, fissurée longitudinalement ; rameaux anguleux, à ramilles opposées à sub-opposées, divergeant ± à angle droit vers leur base ; crochets de 3-12 mm de longueur, récurvés, acérés ; sur les plantules, aiguillons dressés, effilés. Feuilles à limbe coriace, vert foncé, luisant sur la face supérieure, gris vert pâle dessous, variable de taille et de forme, sur les plantules ou les rejets, petit, obovale, d'environ 0,5 x 0,4 cm, sur les plantes adultes plus grand et atteignant 0,8-5,5 x 0,7-3,5 cm, ovale à obovale, arrondi à cunéiforme à la base, obtus, émarginé à profondément échancré, mucroné ou rétus au sommet ; marges entières à peu profondément sinueuses ; pétiole long de 1-8 mm ; stipules longues de 2-3 mm, très tôt caduques. Inflorescences en cymes de 2-20 fleurs,

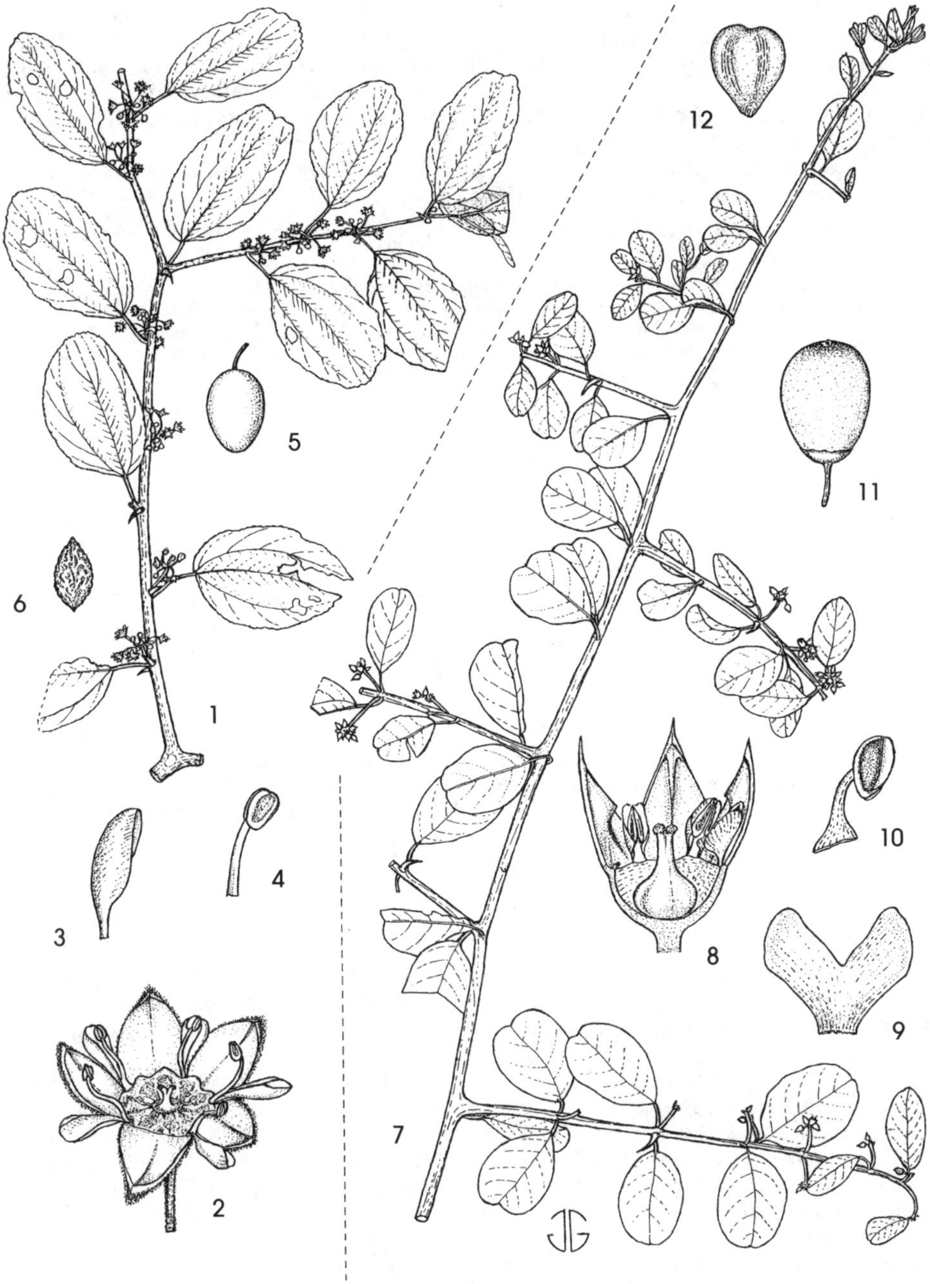

Pl. 4. — **Ziziphus mauritiana** : **1**, rameau fleuri x 1 ; **2**, fleur x 10 ; **3**, pétale, vue latérale x 18 ; **4**, étamine x 18 ; **5**, fruit x 1 ; **6**, noyau x 1. — **Scutia myrtina** : **7**, rameau fleuri x 1 ; **8**, coupe longitudinale de la fleur x 20 ; **9**, pétale étalé x 30 ; **10**, étamine x 30 ; **11**, fruit x 5 ; **12**, noyau, vue du côté externe x 5. (**1-4**, *Vaughan* MAU 12141 ; **5-6**, *Vaughan* MAU 11915 ; **7-10**, *Guého* MAU 13985 ; **11-12**, *Staub* MAU 11276).

glabres, à pédoncule long de 2-7 mm, ou sessiles ; bractées 3-4, triangulaires, aiguës ; pédicelles longs de 1-3 mm. Réceptacle campanulé, 1,5 x 3 mm environ. Sépales triangulaires-aigus, longs de 1-2 mm. Pétales ± obcordiformes, émarginés à lobés au sommet, longs de 0,7-1 mm. Étamines à filet long de 0,6-1 mm, ± élargi à la base, à anthère ovale, longue de 0,5-0,6 mm, portant, au stade jeune, un apicule obtus. Disque mince, nectarifère. Fruit globuleux à obovale, long de 6-9 mm, à maturité pourpre foncé à noirâtre, à pulpe farineuse, blanchâtre, aromatique ; noyau 2-3, longs d'environ 6 mm. Graines obovales à obcordiformes, 6 x 5 mm environ, rougeâtres, luisantes. (Pl. 4, 7-12).

Noms vernaculaires : Bambara (M., R., Ro) ; Bois senti (M., Ro.) ; Bois de sinte, Ronce du pays (R.).

Espèce variable, de vaste répartition en Afrique et en Asie tropicales, se retrouvant également à Madagascar, aux îles Seychelles. Aux Mascareignes, elle existe dans les trois îles à l'état indigène ; elle est encore assez fréquente localement dans les savanes, les fourrés et les forêts de 0 à 900 m d'altitude. Redoutée des promeneurs à cause de ses épines recourbées, s'accrochant aux vêtements et provoquant de douloureuses piqûres.

4. ZIZIPHUS Mill.

Gard. Dict. ed. 4 (1754)

Arbrisseaux quelquefois grimpants à ± lianescents, arbustes ou arbres (aux Mascareignes), souvent à crochets ou épines stipulaires. Feuilles alternes à opposées, pétiolées, ovales à elliptiques, à 3-5 nervures proéminentes ± palmées près de la base ; marges entières à serrulées ; stipules petites, subulées, caduques ou, à certains noeuds, modifiées en épines courtes, recourbées ou dressées. Inflorescences en cymes ou en thyrses de petites dimensions, axillaires, courtement pédonculées à sessiles. Fleurs 5-mères, bisexuées, périgynes. Réceptacle subpatelliforme, peu profond. Sépales caducs, carénés sur la face interne. Pétales onguiculés, embrassant les anthères et, à un certain stade, les filets des étamines, parfois absents (non aux Mascareignes). Disque charnu, ± adhérent à l'ovaire. Ovaire à 2-4 loges, d'abord infère à semi-infère, devenant supère à la fructification. Fruit, une drupe à noyau unique, osseux, à 2-3 (-4) graines, indéhiscent. Graines elliptiques, plan-convexes, à raphé latéral ; albumen peu abondant ; cotylédons épais, plans ; radicule petite.

Genre comprenant environ une centaine d'espèces des régions tropicales et tempérées et très communément de régions sèches. Aux Mascareignes, une espèce introduite et cultivée, *Z. mauritiana* Lam., s'est naturalisée. *Z. oenoplia* (L.) Mill. et *Z. spina-christi* (L.) Desf. ont été cultivés il y a plus d'un siècle au Jardin des Pamplemousses à Maurice mais ne se retrouvent plus à l'heure actuelle.

Z. mauritiana Lam., Encycl. 3 : 319 (1789). Type : Maurice, *Sonnerat* (P-LA, holo. !)
— *Rhamnus jujuba* L., Sp. Pl. : 194 (1753). Type : Ceylan, *Hermann* 89 (BM, holo.)
— *Z jujuba* (L.) Gaertn., Fruct. 1 : 203 (1788), *nom. illegit.*, non *Z. jujuba* Mill. (1768)
— *Z. jujuba* (L.) Lam., Encycl. 3 : 318 (1789) ; Bojer ; H.M. : 69 ; Baker, F.M.S. : 51 ; Balf. f., B. Ro. : 334 ; Cordem., F.R. : 413 ; Rivals, Esp. Fruit. Introd. Réunion : 24 (1960), *nom. illegit.*
— *R. mauritiana* Willemet in Usteri, Ann. Bot. 18 : 20 (1796). Type : Maurice, Plaines du Pouce, de Saint Pierre, etc. ; collecteur non cité (non retrouvé)
— *Z. rotundata* DC., Prodr. 2 : 21 (1825). Type : Maurice, collecteur non cité (G-DC, holo.)
— *Z. sphaerocarpa* auct. non Tul. : Cordem., F.R. : 413

Arbuste ou arbre épineux atteignant 4-15 m de hauteur, à tronc souvent court ; écorce brun-grisâtre ; branches et rameaux parfois retombants ; ramilles très courtement et densément pubescentes-tomenteuses, généralement munies d'épines stipulaires souvent par paires, l'une dressée, l'autre recourbée. Pétiole long de 5-12 mm. Limbe foliaire elliptique, ovale ou presque circulaire, 3-8 x 1,5-5 cm, arrondi et presque symétrique à la base, obtus ou arrondi, rarement émarginé au sommet, densément tomenteux-blanchâtre à roussâtre sur la face inférieure, à 3 nervures principales palmées ; marges crénelées. Inflorescences de 1-2 cm de longueur et de largeur, en cymes composées, 8-pluriflores ; pédoncules longs de 1-4 mm. Fleurs de couleur crème à verdâtre, tomenteuses extérieurement ; pédicelles longs de 2-8 mm, tomenteux. Réceptacle patelliforme. Sépales triangulaires, longs de 1,5-2 mm, munis sur la face interne d'une carène médiane. Pétales glabres, cochléaires, longs de 1-1,5 mm. Étamines longues de 1,5 mm, à anthère elliptique, longue de 0,4-0,5 mm. Disque à bord renflé, 10-lobé. Ovaire d'abord infère, enfoncé dans le disque, après l'anthèse devenant graduellement supère ; style bilobé, renflé à la base. Fruit globuleux à ellipsoïde, long de 2-3 cm, à maturité devenant jaune foncé orangé à rougeâtre ; pulpe farineuse ou gluante ; noyau osseux, ovoïde à étroitement ellipsoïde, à surface crevassée, aigu à l'apex, généralement bispermé. (Pl. 4, 1-6).

Noms vernaculaires : Jujubier, Jujube du pays, Prune Saint Paul (R.) ; Masson (M., R., Ro.) ; Jujubier indien.

La Réunion, Maurice, Rodrigues. Espèce originaire de l'Inde et de la Birmanie, introduite dans de nombreux pays tropicaux pour son fruit comestible, souvent naturalisée. Aux Mascareignes, elle est naturalisée dans les savanes et les zones littorales des parties sèches des îles, mais elle est peu commune à Rodrigues. *Z. mauritiana* est variable par la taille et la forme du fruit et des variétés à fruits plus intéressants pour la consommation ont été multipliées par la culture. A Maurice, une forme à fruits allongés, atténués au sommet, plus volumineux et de saveur plus attrayante, est cultivée dans les vergers. Elle est connue sous le nom de Jujubier et se propage par greffe sur le Massonier qui est la forme rustique, naturalisée, de *Z. mauritiana.* Cordemoy signale la présence à La Réunion de *Z. sphaerocarpa* Tul. qu'il appelle Masson ou Prune Saint Paul. Actuellement on considère que cette espèce est conspécifique de *Z. spina-christi* (L.) Desf., petit arbre épineux originaire du Proche et du Moyen Orient et des zones arides d'Afrique, à limbe foliaire étroitement ovale, 2-6 x 1-3 cm, arrondi à la base, obtus au sommet, pubescent puis glabrescent, à fruit globuleux d'environ 1 cm de diamètre, dont le noyau contient 2 (-3) graines. En fait, un seul échantillon de l'herbier Cordemoy, venant des environs de Saint Leu, est ainsi appelé par lui, mais il s'agit d'une forme à fruits ronds de *Z. mauritiana* que l'on peut trouver encore de nos jours dans cette région. D'après P. Rivals (1960) des exemplaires correspondant à cette forme existeraient à La Providence à Saint Denis. Jusqu'à preuve du contraire, rien ne nous permet de dire que *Z. spina-christi* existe aux Mascareignes.

Les fruits de *Z. mauritiana*, que l'on trouve sur le marché vers juillet-août, sont consommés frais, presque mûrs ou dès la maturité, ou souvent confits dans du vinaigre.

5. RHAMNUS L.

Sp. Pl. : 193 (1753) ; Gen. Pl. ed. 5 : 89 (1754)

Arbrisseaux quelquefois grimpants ou arbres de petite taille. Feuilles alternes ou opposées, souvent distiques, pétiolées, à nervation pennée, entières à dentées ; stipules petites, libres, généralement tôt caduques. Inflorescences en cymes axillaires, quelquefois sessiles, ou fleurs solitaires, plus rarement en panicules ou thyrses ; bractées présentes ou non. Fleurs petites, 4-5-mères, hermaphrodites ou unisexuées (plantes dioïques), quelquefois apétales ; réceptable ± campanulé à urcéolé ; disque mince ; ovaire supère, à 2-3 (-4) loges ; style à trois branches. Fruit drupacé, à 2-3 (-4) noyaux libres, à 1 seule graine.

Genre comprenant 150 espèces environ, des régions tropicales et tempérées. Il est subdivisé en quatre sous-genres (*Frangula, Pseudofrangula, Rhamnus* et *Sciadophila*) distingués principalement par la structure des semences (pyrènes et graines). Une espèce, *R. nepalensis*, a été introduite aux Mascareignes.

R. nepalensis (Wall.) Laws. in Hook. f., Fl. Brit. India 1 : 640 (1875), [*nipalensis*] ; R.E. Vaughan, Journ. Linn. Soc. Bot. 51 : 295 (1937) ; Maur. Inst. Bull. 1 : 22 (1937). Type de la région himalayenne

— *Ceanothus nepalensis* Wall. in Roxb., Fl. Ind. ed. Carey, 2 : 375 (1824) ; Bojer, H.M. : 70

Arbuste de 2-5 m de hauteur, à écorce brune, crevassée ; tiges souvent munies d'ergots courts, épais et coniques ; branches décombantes ou grimpantes, pouvant atteindre la cime des arbres (12 m) ; jeunes rameaux à pubescence courte ; stipules subulées, longues de 2-3 mm, pileuses, caduques. Feuilles alternes à sub-opposées, ± distiques ; limbe subcoriace, elliptique à ovale, 8-15 x 5-6 cm, arrondi à cunéiforme à la base, acuminé et mucroné au sommet, presque glabre à l'exception des aisselles des nervures, principalement sur la face inférieure ; marges peu profondément serrulées à crénelées ; pétiole long de 1-3 cm. Inflorescences en cymes axillaires de 2-3 fleurs, à pédoncule long de 2 mm environ, ou racémiformes et souvent pourvues de feuilles de taille réduite, ou fleurs solitaires. Fleurs verdâtre pâle, à pédicelle grêle, long de 2-3 mm. Réceptacle hémisphérique, large de 2 mm environ. Sépales étroitement triangulaires, aigus, longs de 1,5 mm. Pétales cucullés, spatulés, longs de 1,5 mm. Étamines à filet subulé, une fois et demi à deux fois plus long que l'anthère ; anthères ovales, longues de 0,5 mm. Disque nectarifère tapissant en couche mince l'intérieur du réceptacle. Fruit obovoïde, de 5 mm de diamètre environ, rouge à pourpre sombre à maturité ; réceptacle ± réfléchi, large de 1,5-2 mm, persistant à la base ; noyau obovoïde, long de 3 mm environ. (Pl. 5, 8-13).

Nom vernaculaire : Liane cerf (selon Vaughan, nom s'appliquant également à *Hiptage benghalensis* (L.) Kurz (Malpighiacée)).

Maurice. Espèce asiatique introduite et naturalisée. Elle se rencontre communément en forêt dégradée, notamment sur les flancs des montagnes de la chaîne de Moka (Le Pouce, Pieter Both, etc.) et également dans les ravines et sur les berges des rivières des environs. Elle a été aussi signalée au Mont Deux Mamelles, à la Montagne Lagrave et à Piton du Milieu. La plante est nuisible et tend à envahir de plus en plus les restes de forêt primitive. Les graines sont dispersées par les oiseaux.

6. COLUBRINA Rich. ex Brongn., *nom. cons.*

Mém. Fam. Rhamn. : 61 (1826) ; Ann. Sc. Nat. 1, 10 : 368 (1827)

M.C. Johnston, Revision of *Colubrina* (Rhamnaceae), Brittonia, 23, 1 : 2-53 (1971)

Arbustes quelquefois grimpants ou arbres sans aiguillons ou munis de crochets, souvent à tiges pubescentes. Feuilles alternes ou opposées, pétiolées ; limbe penninervé ou trinervé à la base, portant souvent des plages glanduleuses localisées ; marges entières ou dentées, crénelées ou serretées ; stipules latérales rarement interpétiolaires, le plus souvent caduques. Inflorescences axillaires en cymes ou en thyrses de petites dimensions, sessiles à courtement pédonculées. Fleurs petites, 5-mères, bisexuées, protandres. Réceptacle hémisphérique, après l'anthèse accrescent et formant une cupule sous le fruit. Sépales 5, valvaires, deltoïdes, étalés. Pétales 5, un peu plus courts que les sépales. Étamines 5, presque aussi longues que les pétales. Disque massif, nectarifère, sur la fleur jeune masquant l'ovaire. Ovaire semi-infère, à 3 (-4) loges ; style grêle, 3-lobé à 3-fide ; stigmates 3, petits et obtus. Fruit capsulaire, subglobuleux à peu profondément lobé, très peu charnu, déhiscent en trois coques unispermes, elles-mêmes déhiscentes. Graines obovoïdes, convexes dorsalement, à 2 facettes ventralement ; albumen présent ; testa induré, brun foncé à noir, lustré.

Genre comprenant une trentaine d'espèces tropicales d'Amérique, du Sud-Est de l'Asie, de la Malaisie, de l'Australie, de la Polynésie, de l'Est Afrique et de Madagascar. Aux Mascareignes une espèce introduite est maintenant naturalisée. Quelques individus appartenant à une seconde espèce, *C. arborescens* (Mill.) Sarg., originaire des tropiques de l'Amérique centrale et des Grandes Antilles, sont cultivés à Bras d'Eau et à Grande Rosalie à Maurice. C'est un arbre à feuilles oblongues ou ovales-elliptiques, de 4-15 x 2-7 cm, à marges entières, souvent à plages glanduleuses localisées, noirâtres sur le sec. Inflorescences en thyrses de 10-30 fleurs, atteignant 1 cm environ de longueur, à axe pseudodichotome, à pédoncule long de 2-8 mm. Les fruits sont subglobuleux, longs de 7-8 mm et contiennent des graines noires, luisantes, longues de 3 mm environ.

C. asiatica (L.) Brongn., Mém. Fam. Rhamn. : 62 (1826) ; Ann. Sc. Nat. 1, 10 : 369 (1827) ; Baker, F.M.S. : 52. Type : Ceylan, Herb. *Hermann* 2 : 11 (BM, lecto.)

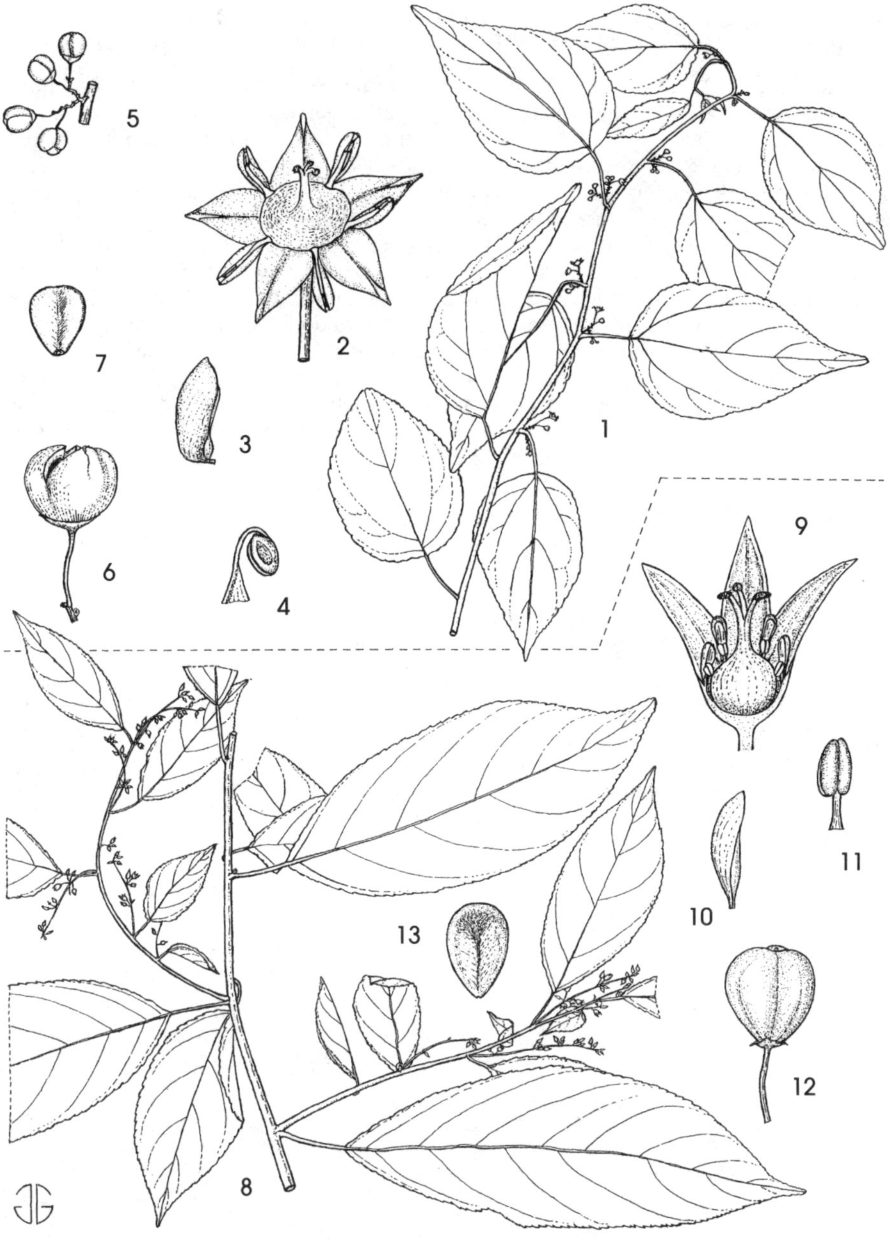

Pl. 5. — **Colubrina asiatica** var. **asiatica** : **1**, rameau fleuri x 1 ; **2**, fleur x 20 ; **3**, pétale, vue latérale x 30 ; **4**, étamine x 30 ; **5**, infrutescence x 1 ; **6**, fruit déhiscent x 7/12 ; **7**, graine, face ventrale x 4. — **Rhamnus nepalensis** : **8**, rameau fleuri x 1 ; **9**, coupe longitudinale de la fleur x 20 ; **10**, pétale, vue latérale x 30 ; **11**, étamine x 30 ; **12**, fruit x 5 ; **13**, noyau, face ventrale x 6. (**1**-**4**, *Guého* MAU 16521 ; **5**, *Vaughan* MAU 1328 ; **6**-**7**, *Rouillard* MAU 401 : **8**-**11**, *Vaughan* MAU 1063 ; **12**-**13**, *Staub* MAU 11558).

— *Ceanothus asiaticus* L., Sp. Pl. : 196 (1753) ; Bojer, H.M. : 70
— *Rhamnus asiatica* (L.) Lam. ex Poir., Encycl. 4 : 474 (1798), [*asiaticus*]

var. **asiatica**. Arbuste de 2-3 m de hauteur, à rameaux étalés, ± sarmenteux ou quelquefois lianescents, pouvant grimper jusqu'à 10 m ; parties jeunes portant des poils rares, apprimés, jaunâtres, caducs. Tiges grêles, quelque peu en zig-zag. Stipules deltoïdes, longues de 1 mm environ. Feuilles alternes, distantes ou rapprochées par paires et alors sub-opposées, vert foncé, luisantes ; pétiole long de 7-20 mm ; limbe ovale, de 3-10 x 2-6 cm, arrondi à peu profondément cordé à la base, acuminé au sommet, mince, glabre sur la face supérieure, rarement pileux sur les nervures principales sur la face inférieure ; marges à dents arrondies, terminées par une petite glande de couleur sombre ; 4-5 paires de nervures secondaires dont la seconde paire partant de la base de la nervure médiane est proéminente et a elle-même 3-4 nervures latérales vers les marges. Inflorescences cymeuses, pseudodichotomes, formées de 2 courts racèmes pluriflores, longs de 5-10 mm, à pédoncule long de 2-4 mm ; pédicelles grêles, longs de 1-3 mm. Boutons floraux portant quelques poils clairsemés, glabrescents. Fleurs jaunâtres, de 4-5 mm de diamètre. Réceptacle de 2 mm de diamètre, accrescent et formant une cupule sous le fruit. Sépales largement triangulaires-aigus, longs de 1 mm. Pétales cochléaires, longs de 0,8-1 mm, courtement apiculés au sommet. Style profondément tripartite ou rudimentaire. Fruits pour la majeure partie abortifs, généralement seulement 1-2 par cyme atteignant le plein développement, subsphériques, peu profondément lobés, de 7-8 mm de diamètre, à mésocarpe mince, crustacé, déhiscents à partir du sommet. Graines de 4,5-5 x 4,5 mm environ, lisses, marron pâle et mat. (Pl. 5, 1-7).

Maurice, Rodrigues. Espèce tropicale dont les semences ont la propriété de pouvoir flotter.et sont dispersées par les courants marins. Très répandue, elle se trouve en Asie, en Malaisie, dans les îles du Pacifique, sur le littoral de l'Est africain ainsi qu'à Madagascar.

Aux Mascareignes, l'espèce aurait, selon Bojer, été anciennement introduite à Maurice. Commerson l'a récoltée en 1769 à Réduit où elle était cultivée. De nos jours, elle est naturalisée et on la trouve occasionnellement dans les savanes, en lisière de mangroves ou dans des friches littorales ; elle a été récoltée à l'île aux Tonneliers, à Trou d'Eau Douce, à La Rivière Noire, à Baie du Cap et à Grand Baie. A Rodrigues, Balfour ne la signale pas dans sa flore, mais elle existe sur quelques îlots voisins : île Pintade et île Crabe. A La Réunion, l'espèce a probablement été introduite comme l'attestent 2 échantillons in P : l'un récolté par le Dr Monin en 1831, sans localité précise, l'autre récolté par Richard au Jardin du Roi où la plante était cultivée ; mais elle n'a pas été retrouvée récemment et il est vraisemblable qu'elle ne s'est pas maintenue dans cette île.

73. RHAMNACÉES

INDEX DES NOMS SCIENTIFIQUES

Les synonymes sont en italique. Les nombres gras indiquent les pages des illustrations.

Blaeria leucocephala Bory 4.
Ceanothus asiaticus L. 16.
— *nepalensis* Wall. 13.
Colubrina Rich. ex Brongn. 14.
— arborescens (Mill.) Sarg. 14.
— asiatica (L.) Brongn. 14.
— " var. asiatica **15**, 16.
Gouania Jacq. 5.
— glandulosa Boivin ex Tul. 5, 8.
— laxiflora Tul. 5, 10.
— leguatii J. Guého 8, **9**.
— leptostachya DC. 5.
— lupuloides (L.) Urb. 5.
— mauritiana Lam. 5.
— " subsp. *typica* 5.
— " " mauritiana 6, **7**.
— *retinaria* DC. 6.
— *retinaria* auct. 8.
— *scandens* (Gaertn.) Drummond 5, 6.
— *sericea* Sieber ex Tul. 6.
— *sulcata* Bojer 5.
— *stadtmannii* Willemet 6.
— tiliifolia Lam. 5, 6, **7**.
— *tiliaefolia* auct. 8.
Hovenia dulcis Thunb. 1.
Noltea africana (L.) Rchb. f. 1.
Phylica L. 2.
— arborea Thouars 2.
— *leucocephala* (Bory) Cordem. 4.
— *mauritiana* Bojer 4.
— " Bojer ex Baker 4.
— " var. *linearifolia* Pillans 4.
— nitida Lam. **3**, 4.
— stipularis L. 2.
Retinaria scandens Gaertn. 5, 6.
Rhamnus L. 13.
— *asiatica* (L.) Lam. ex Poir. 16.
— *jujuba* L. 12.
— *lucida* Roxb. 10.
— *mauritiana* Willemet 12.
— *myrtina* Burm.f. 10.
— nepalensis (Wall.) Laws. 13, **15**.
Scutia Brongn. 10.
— *commersonii* Brongn. 10.
— myrtina (Burm.f.) Kurz 10, **11**.
Ventilago madraspatana Gaertn. 1.
Ziziphus Mill. 12.
— *jujuba* (L.) Gaertn. 12.
— *jujuba* (L.) Lam. 12.

— mauritiana Lam. **11**, 12.
— oenoplia (L.) Mill. 12.
— *rotundata* DC. 12.
— sphaerocarpa Tul. 13.
— *sphaerocarpa* auct. 12.
— spina-christi (L.) Desf. 12, 13.

INDEX DES NOMS VERNACULAIRES

Ambaville 4.
Bambara 12.
Bois de sinte 12.
— senti 12.
Bruyère 4.
Gâteau moutaille 1.
Jujube du pays 13.
Jujubier 13.
— indien 13.
Liane cerf 14.
— charretiers 8.
— Montbrun 6.
— savon velue 6.
Masson 13.
Massonier 13.
Petite liane noire 6.
Prune Saint Paul 13.
Ronce du pays 12.

FLORE DES MASCAREIGNES

74. VITACÉES

par B. Descoings*

Lianes, buissons grimpants ou arbustes à tronc charnu. Feuilles alternes, simples ou composées, stipulées. Vrilles oppositifoliées (absentes chez *Cyphostemma mappia*). Inflorescences en cymes ou en grappes, généralement opposées aux feuilles, parfois partiellement transformées en vrilles. Plantes polygames, monoïques ou dioïques, à fleurs actinomorphes, habituellement 4-5-mères. Calice à sépales valvaires, libres ou connés à la base. Pétales valvaires, caducs, libres ou connés au sommet, la corolle formant un capuchon tôt caduc (*Vitis*). Étamines libres, épipétales. Disque intrastaminal. Ovaire supère, bicarpellé et biloculaire ; ovules 2 par loge. Fruit habituellement une baie.

Famille surtout tropicale, comptant 14 genres et plus de mille espèces, asiatiques, africaines et, à un moindre degré, américaines. Aux Mascareignes, 2 genres, *Cissus* et *Cyphostemma*, ont des espèces endémiques, indigènes ou naturalisées ; le genre *Vitis* est localement cultivé pour le raisin et la vinification.

Les espèces suivantes sont parfois cultivées ou ont été signalées :

Parthenocissus tricuspidata (Siebold et Zucc.) Planch. ; Vigne vierge ; liane à feuilles trilobées ou tripartites, vrilles à ramification formant des ventouses très adhésives ; originaire de Chine et du Japon, communément cultivée en régions tempérées ; est plantée occasionnellement à Maurice pour couvrir les murs des maisons.

Cayratia gracilis (Guill. et Perr.) Suess. ; liane grêle, à feuilles composées-pédalées, 5-foliolées, largement répandue dans toute l'Afrique tropicale ; a été récoltée à La Réunion où elle était dite cultivée.

Rivals, Esp. Fruit. Introd. Réunion : 27 (1960), cite aussi *Ampelocissus martinii* Planch., espèce asiatique, originaire du Viet-Nam, et *Vitis caribaea* DC., espèce d'Amérique tropicale, comme étant cultivées au Jardin de l'État, à Saint Denis, La Réunion.

1.	Feuilles composées ; fleurs tétramères.	**2. Cyphostemma**
—	Feuilles simples.	2
2.	Fleurs tétramères ; fruits monospermes.	**1. Cissus**
—	Fleurs pentamères ; fruits polyspermes.	**3. Vitis**

1. CISSUS L.

Sp. Pl. : 117 (1753) ; Gen. Pl. ed. 5 : 54, n° 137 (1754) ; B. Descoings, Not. Syst. 16 : 118 (1960) *emend.*

Lianes sarmenteuses, herbacées ou ligneuses, parfois succulentes. Vrilles généralement présentes, oppositifoliées. Feuilles simples ou parfois composées, pétiolées, stipulées, à nervation pennée ou palmatipennée. Inflorescences en cymes régulières corymbiformes ou ombelliformes, pourvues de bractées. Fleurs tétramères, hermaphrodites, pédicellées. Calice cupuliforme. Corolle ovoïde, obtuse ou arrondie au sommet ; pétales cucullés, séparément caducs. Étamines à filets dressés, insérés dans les échancrures du disque ; anthères introrses. Disque entier, formant un anneau complet autour de l'ovaire. Ovaire soudé au disque, à deux loges séparées par une cloison complète ; 2 ovules par loge ; style cylindrique, à croissance continue pendant l'anthèse ; stigmate entier, discoïde. Baie charnue, monosperme. Graine atténuée en rostre dans la partie inférieure, présentant du côté ventral deux fossettes obliques s'enfon-

* ORSTOM.

çant dans l'albumen ; raphé souvent saillant et faces latérales souvent ornées de reliefs. Albumen ruminé.

Genre pantropical, le plus important de la famille, comptant environ 350 espèces. 4 espèces, dont 2 endémiques, 1 indigène et 1 autre naturalisée localement, sont traitées ci-après ; une 5e espèce, *C. diffusiflora* (Baker) Planch., liane grêle reconnaissable à ses feuilles simples à limbe allongé, acuminé, long de 5-15 cm, à marges finement denticulées, largement répandue en Afrique tropicale et équatoriale, a été récoltée à Labourdonnais, Maurice, en 1976 (cultivée comme plante ornementale).

1. Tiges épaisses, quadrangulaires, ailées et charnues. **1. C. quadrangularis**
— Tiges cylindriques, non ailées, non charnues. **2**
2. Feuilles à limbe subcirculaire, épais, un peu charnu ; fleurs verdâtres. **2. C. rotundifolia**
— Feuilles à limbe ovale ou cordiforme, en coin dans la partie supérieure, mince. **3**
3. Limbe foliaire long de 6-13 cm, cordiforme ; fleurs longues de 3-3,5 mm ; pédicelles densément pubescents ; baies très grosses, globuleuses, de 20 mm de diamètre. **3. C. anulata**
— Limbe foliaire long de 8-25 cm, ovale ; fleurs longues de 1,5-2 mm, entièrement glabres ; baies petites, ovoïdes, de 7-8 mm de longueur. **4. C. mauritiana**

1. C. quadrangularis L., Mant. 2 : 39 (1771) ; Planch. in DC., Monogr. Phan. 5 : 509 (1887) ; Bojer, H.M. : 59 ; Descoings in Humbert, Fl. Madag., Vitacées : 89 (1967). Type : Rumph., Herb. Amboin. 5 : 83, t. 44, fig. 2
— *Vitis quadrangularis* (L.) Wall. ex Wight et Arn., Prodr. Fl. Pen. Ind. Or. 1 : 125 (1834)
— *V. quadrangularis* (L.) Cordem., F.R. : 411, *nom. illegit.*

Plante cactiforme, lianescente et buissonnante, entièrement glabre. Tiges pérennes, épaisses, de 5-7 mm de diamètre, charnues, très ramifiées, quadrangulaires, présentant 4 côtes saillantes étroites ; section en étoile à 4 branches. Tiges anciennes devenant ± ligneuses et subcylindriques. Vrilles souvent présentes. Stipules ovales, longues de 2,5-3 mm, minces. Feuilles simples, généralement entières, crassulescentes, cassantes. Pétiole long de 4-10 mm, profondément canaliculé. Limbe circulaire à ovale, à base et sommet généralement arrondis, 2,5-4 x 2-3 cm ; marges peu denticulées ; nervation pennée, non saillante ; texture molle et charnue. Inflorescences nombreuses, en cymes régulières, longues de 2-5 cm ; bractées ovales, un peu épaisses. Fleurs blanches, longues de 3-4 mm et de 2-2,5 mm de diamètre. Pédicelles cylindriques, longs de 4-5 mm. Calice en forme de coupe carrée, à 4 lobes obtus, charnus. Corolle longue de ± 2,5 mm, cylindro-conique, obtuse, arrondie au sommet. Baies subsphériques, de 6-7 mm de diamètre, couvertes de verrucosités. Graine ovoïde, sub-elliptique, longue de ± 6 mm et de 5 mm de diamètre, à rostre court et épais ; testa lisse. (Pl. 1, 1-7).

Nom vernaculaire : Vanille du docteur Burke (M.) d'après Bojer.

La Réunion, Maurice. Semble assez commune dans les fourrés et sur les rochers des régions basses et le long des côtes. Certains auteurs et collecteurs la disent naturalisée. D'après Bouton, l'espèce aurait été introduite à Maurice en 1820 ou 1821 par le Dr Burke comme étant la Vanille, d'où le nom vernaculaire employé par Bojer. De fait, elle pourrait être indigène, se trouvant là à l'intérieur de son aire connue de distribution qui est très vaste (Afrique tropicale, Madagascar, Asie) et dans des conditions écologiques assez semblables à celles où on la rencontre à Madagascar et sur la côte orientale de l'Afrique. Il est possible, par contre, qu'elle ait tendance à se répandre en s'introduisant dans des milieux nouvellement ouverts, mais c'est une espèce qui craint la concurrence directe. Espèce très polymorphe ; les échantillons provenant des Mascareignes se rattachent à la forme décrite à Madagascar et en Afrique orientale. Les jeunes feuilles seraient comestibles d'après Cordemoy.

2. C. rotundifolia (Forssk.) Vahl, Symb. Bot. 3 : 19 (1790) ; Planch. in DC., Monogr. Phan. 5 : 512 (1887) : Rivals, Esp. Fruit. Introd. Réunion : 27 (1960). Type d'Arabie

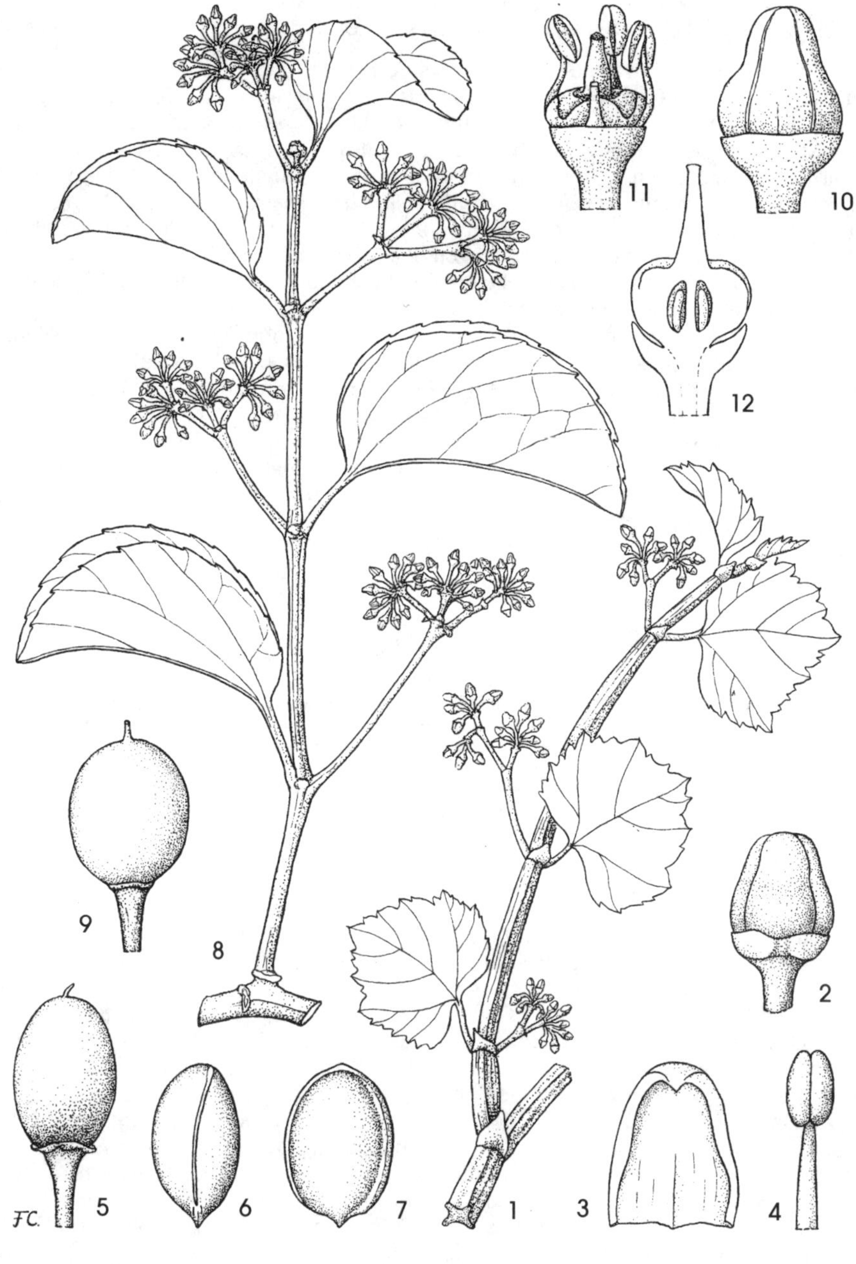

Pl. 1. — **Cissus quadrangularis** : **1**, jeune rameau fleuri x 2/3 ; **2**, fleur x 5 ; **3**, pétale, face interne x 10 ; **4**, étamine, vue de face x 10 ; **5**, fruit x 3 ; **6** et **7**, graine, face ventrale et latérale x 4. — **Cissus rotundifolia** : **8**, rameau fleuri x 2/3 ; **9** fruit x 1 ; **10**, fleur x 7 ; **11**, fleur sans corolle x 7 ; **12**, coupe longitudinale d'une fleur sans corolle ni androcée x 7. (**1-7**, d'après Flore du Cameroun 13, Vitacées : 89 (1972) ; **8-12** *Bosser* 22129 (P)).

— *Saelanthus rotundifolius* Forssk., Fl. Aegypt.-Arab. : 35 (1775)
— *Vitis pachyphylla* Cordem., F.R. : 412. Type de La Réunion (non trouvé in MARS)

Plante pérenne, lianescente, un peu crassulescente. Tiges cylindriques, de 3-5 mm de diamètre, glabres ou faiblement pubescentes, portant une pilosité peu importante ; entre-noeuds longs de 3-7 cm. Vrilles cylindriques, bifurquées, glabres ou faiblement pileuses, à bractées ovales. Stipules ovales, arrondies au sommet, à base auriculée, élargie en deux oreillettes largement arrondies, de 2,5-3 mm de longueur et d'environ 2,5 mm de largeur à la base, glabres, à marges entières ou finement laciniées. Feuilles simples, entières, charnues. Pétiole ± cylindrique, profondément cannelé sur le dessus, long de 8-12(-40) mm, ± densément pubescent. Limbe ± orbiculaire, obtus ou arrondi au sommet, ± nettement cordiforme à la base, long de 4-9 cm et large de 3,5-7 cm, souvent plié en V, entièrement glabre ; marges faiblement denticulées ; nervation pennée, à 3-5 paires de nervures secondaires faiblement saillantes sur les deux faces. Inflorescences longues de 5-10 cm, en cymes corymbiformes multiflores. Pédoncule et axes cylindriques, présentant une pilosité variable ; pédoncule long de 2-3 cm ; bractées ± triangulaires-aiguës, longues de 1-2 mm, glabres. Fleurs verdâtres, longues de 2-4 mm et d'environ 1,2 mm de diamètre. Pédicelles cylindriques, longs de 5-7 mm, ± densément pileux. Calice glabre, en coupe évasée, à lobes peu nets. Corolle ovale, arrondie au sommet, glabre. Étamines à connectif faiblement épaissi à la base. Ovaire glabre. Baies ovoïdes, longues de 10-12 mm et de 8-10 mm de diamètre, glabres, charnues, rouges à maturité. Graine ovoïde, 7-8 x 6-7 mm, comprimée latéralement ; rostre triangulaire très épais ; crête médiane en relief net ; faces latérales sans reliefs ; testa lisse. (Pl. 1, 8-12).

Nom vernaculaire : Liane de bœuf (R.).

La Réunion, Maurice. Espèce dont l'aire s'étend en Arabie, en Somalie, en Afrique tropicale centrale et orientale. Présente du niveau de la mer à 1400 m d'altitude, sur alluvions, rochers, dans les fourrés secondaires et même en terrains cultivés. Commune par place et devenant rudérale, elle semble dynamique et pionnière dans certains milieux ouverts ou remaniés. Elle prend souvent un grand développement, trainant sur le sol ou envahissant la ramure des buissons et grimpe même jusqu'au sommet de grands arbres. Certains collecteurs la disent naturalisée, mais on pourrait la considérer comme indigène. La floraison, très étalée, est visible de décembre à mai et même en août.

3. C. anulata Descoings, Bull. Mus. natn. Hist. nat., Paris, 4e sér., sect. B. Adans., 1-2 : 21, fig. 1 (1995). Type : La Réunion, Ravine Bernica, *Lavergne* 2138 (holo., P !)
— *Vitis glauca* auct. non (Roxb.) Cordem. : Cordem., F.R. : 411

Liane herbacée, pérenne, presque entièrement glabre. Tiges cylindriques, striées ou ± profondément canaliculées, de 3-5 mm de diamètre, glabres ; entre-noeuds longs de 4-10 cm. Vrilles peu nombreuses, cylindriques. Stipules ovoïdes, à sommet largement arrondi, à base élargie en deux auricules arrondies, 2,5-4 x 2-3,5 mm, glabres, à marges finement ciliolées. Feuilles simples, entières, totalement glabres. Pétiole ± cylindrique, profondément canaliculé sur le dessus, long de 3-10 cm. Limbe cordiforme, mince, 6-13 x 4,5-12 cm, à sommet en coin et ± nettement acuminé, à base ± nettement cordée à sinus très ouvert et à lobes largement arrondis ; marges denticulées ; nervation pennée, à 4-5 paires de nervures secondaires nettement saillantes sur les deux faces. Inflorescences en cymes pauciflores, longues de 2-5 cm. Pédoncule ± cylindrique, long de 10-25 mm, glabre ; axes glabres ou faiblement pubescents ; bractées ovales ou deltoïdes, fortement ciliolées sur les marges. Fleurs longues de 3-3,5 mm et 2-2,5 mm de diamètre. Pédicelles cylindriques, longs de 5-8 mm, à dense pubescence brunâtre. Calice cupuliforme, de 2-2,5 mm de diamètre, glabre, à bord faiblement lobé. Corolle allongée, conique, à sommet obtus, longue d'environ 2,5 mm. Disque à 4 glandes épaisses, soudées. Un anneau circulaire épais soudé extérieurement à la base du disque et dépassant nettement le calice. Ovaire glabre. Baies presque rondes, très grosses, ayant jusqu'à 20 mm de diamètre, glabres, charnues. Graine à contour ovoïde, 12-15 x 7-9 mm, à fort rostre conique, crête médiane épaisse très saillante, faces latérales entièrement dépourvues de reliefs, testa lisse. (Pl. 2, 1-7).

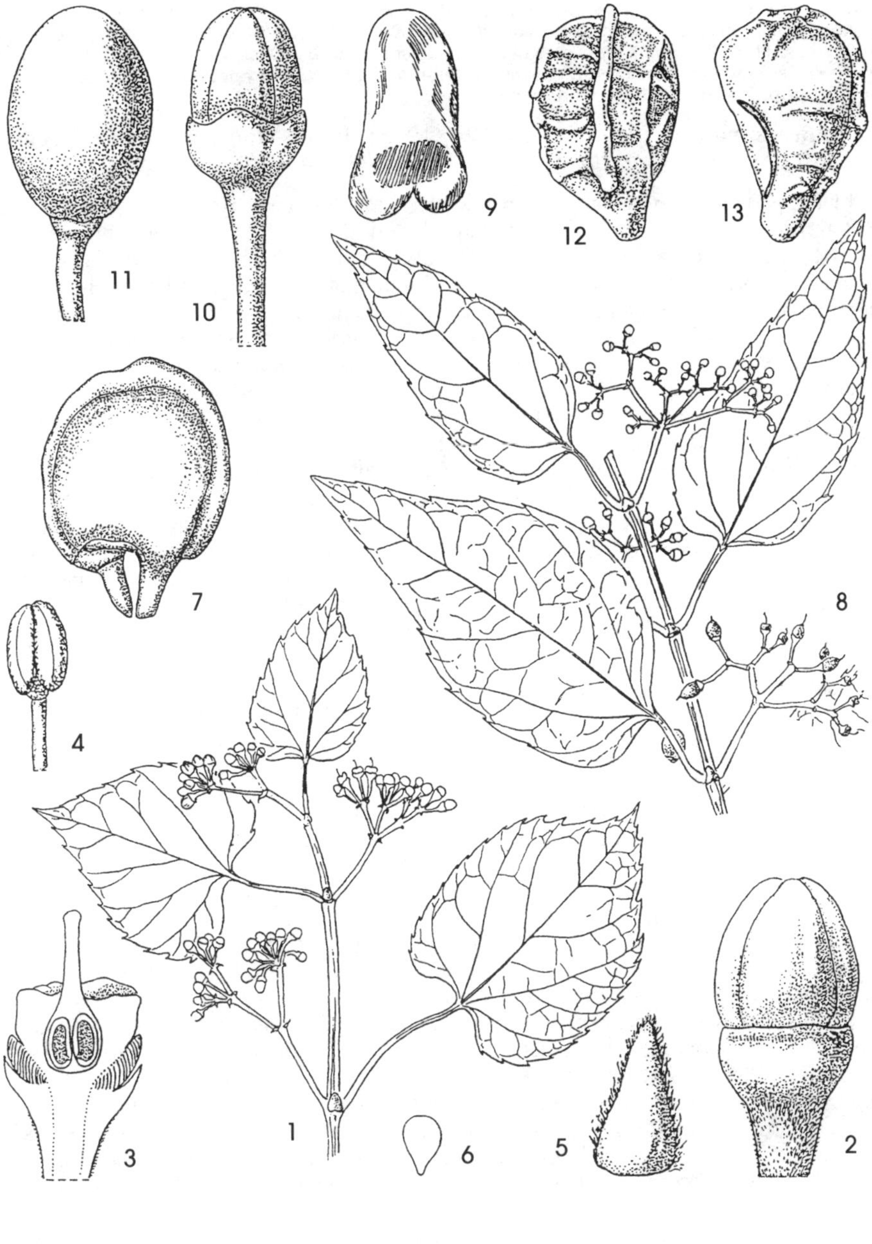

Pl. 2. — **Cissus anulata** : **1**, jeune rameau fleuri x 1/2 ; **2**, fleur entière x 10 ; **3**, coupe longitudinale d'une fleur sans corolle ni androcée x 10 ; **4**, étamine, vue de face x 12 ; **5**, bractée de l'inflorescence x 15 ; **6**, poil ; **7**, graine, vue latérale x 3. — **Cissus mauritiana** : **8**, jeune rameau fleuri x 1/2 ; **9**, stipule x 12 ; **10**, fleur x 15 ; **11**, fruit x 4 ; **12** et **13**, graine, vue dorsale et vue latérale x 5. (**1-7**, *Lavergne* 2138 (P) ; **8-13**, *Barclay* 1893 (MAU)).

La Réunion, Maurice. A La Réunion, Cordemoy la dit rare et cite les localités de Saint Paul et Bernica où elle a été retrouvée récemment, sans doute aussi à Saint Philippe. A Maurice, l'espèce se rencontre par endroits dans des lieux dégradés dans les régions côtières (Souillac, Riambel) et à moyenne altitude (Rose Hill). Les collecteurs de Maurice la disent naturalisée, mais il semble qu'elle soit endémique dans les deux îles. Les spécimens de La Réunion ont des feuilles nettement plus grandes et des entre-noeuds plus longs. Floraison en février-avril et jusqu'en septembre.

4. C. mauritiana Descoings, op. cit. : 24 (1995). Type : Maurice, Rivière La Chaux, ouest de Mahébourg, *Barclay* 1893 (in MAU 14499) (holo. MAU !)

Plante pérenne, lianescente, grimpante, entièrement glabre. Tiges cylindriques, striées, de 3-4 mm de diamètre, glabres ; entre-noeuds longs de 2-4 cm. Vrilles peu nombreuses, cylindriques, bifurquées, à bractées oblongues. Stipules oblongues, arrondies au sommet, élargies à la base en deux petites oreillettes, 2-2,5 x 1-1,5 mm, glabres. Feuilles simples, entières, totalement glabres. Pétiole cylindrique, nettement canaliculé sur le dessus, long de 2,5-3,5 cm. Limbe de 8-9 x 4-5 cm et jusqu'à 25 x 15 cm, ovale, ± largement atténué en coin et largement acuminé au sommet, à base arrondie, tronquée ou cordiforme ; marges faiblement denticulées ; nervation pennée, 4-5 paires de nervures secondaires un peu saillantes sur les deux faces. Inflorescences en cymes pauciflores, longues de 3-5 cm, entièrement glabres ; pédoncule cylindrique, long de 15-20 mm ; bractées assez semblables aux stipules. Fleurs blanches, longues de 1,5-2 mm et d'environ 1,5 mm de diamètre. Pédicelles cylindriques, longs de 1,5-2,5 mm. Calice cupuliforme, assez épais, à 4 lobes triangulaires bien marqués. Corolle conique, arrondie au sommet, assez nettement élargie à la base. Étamines à connectif faiblement épaissi à la base. Disque à 4 glandes épaisses, soudées. Un anneau circulaire mince soudé extérieurement à la base du disque. Baies glabres, ovoïdes, de 7-8 x ± 6 mm, peu charnues. Graine ovoïde, d'environ 6 x 4 mm, à rostre épais, ± triangulaire, crête médiane très forte, irrégulière et sinueuse, 2 fortes lignes latérales en relief émettant plusieurs lignes ventrales et dorsales saillantes ; testa lisse. (Pl. 2, 8-13).

Maurice. Une seule récolte de Rivière La Chaux à l'Ouest de Mahébourg. Cette espèce endémique est remarquable par la grande taille que peuvent atteindre les feuilles de la base, en forme de fer de lance.

2. CYPHOSTEMMA (Planch.) Alston

in Trimen, Handl. Fl. Ceylon 6 : 53 (1931)

Lianes sarmenteuses, herbacées ou fortement ligneuses, parfois succulentes, à système radiculaire souvent tubérisé. Vrilles le plus souvent présentes (non aux Mascareignes). Stipules toujours présentes, parfois rapidement caduques, de forme et de taille très variables. Feuilles composées, généralement pétiolées ; folioles de forme, taille, pilosité et texture très variables, à nervation généralement pennée, parfois palmatipennée. Inflorescences toujours oppositifoliées, parfois paraissant faussement axillaires, pédonculées, en cymes régulières corymbiformes ou ombelliformes, pourvues de bractées et de bractéoles. Fleurs tétramères, hermaphrodites, pédicellées. Calice cupuliforme, entier ou à 4 lobes valvaires. Corolle en forme de sablier, généralement évasée dans la partie inférieure, nettement rétrécie dans la partie médiane et élargie dans la partie supérieure en 4 lobes distincts ; pétales valvaires, nettement cucullés, et séparément caducs. Étamines à filets dressés passant entre les glandes du disque ; anthères introrses. Disque formé de 4 glandes libres entre elles. Ovaire soudé au disque, à 2 loges incomplètes, limitées par deux cloisons internes ; 2 ovules par loge, anatropes, apotropes, oblongs ; style cylindrique ou cylindro-conique, à croissance continue pendant et après l'anthèse ; stigmate bifide. Baie charnue, monosperme, de taille réduite. Graine à raphé souvent saillant, présentant sur la face ventrale et dans la partie médiane 2 fovéoles ± marquées, à faces latérales souvent diversement ornées de reliefs. Albumen ruminé.

Pl. 3. — **Cyphostemma mappia** : **1**, rameau fleuri x 3/4 ; **2**, foliole dentée x 1 ; **3**, foliole de jeunes repousses x 1 ; **4**, détail du bord du limbe, en bas limbe normal entier, en haut limbe denté ; **5**, stipule x 5/2 ; **6**, bractée de l'inflorescence x 10 ; **7**, fleur entière x 10 ; **8**, fleur sans corolle ni androcée x 10 ; **9**, pétale, face interne x 10 ; **10**, étamine, vue de face x 12 ; **11**, fruit x 2 ; **12**-**14**, graine, vue ventrale, vue dorsale, vue latérale x 4 (**1-2** et **4**, *Friedmann* & *Lesouef* 2645 (MAU) ; **3**, *Bosser* 21906 (P) ; **5-14**, *Gueho* & Staub MAU 13471).

Genre tropical comptant environ 250 espèces pratiquement toutes africaines et malgaches, avec un nombre très important d'endémiques. Une seule espèce, endémique, à Maurice.

C. mappia (Lam.) Galet, Rech. méth. identif. et classif. Vitacées 2 : 351, 376, 523 (1967) [*mappium*]. Type : Maurice, *Commerson* (P-LA, holo. ! ; P, P-JU 11995, isos. !)
— *Cissus mappia* Lam., Illust. 1 : 332 (1792) ; Bojer, H.M. : 60 ; Planch. in DC., Monogr. Phan. 5 : 584 (1887)
— *Vitis mappia* (Lam.) Baker, F.M.S. : 54

Plante ligneuse dressée, présentant le port d'un arbuste de 2-3 m de hauteur ou d'un petit arbre de 6-7 m, entièrement glabre, à bois mou gorgé d'eau, à branches épaisses, charnues. Rameaux âgés de 6-10 mm de diamètre, à écorce gris clair ; rameaux jeunes ± cylindriques, longs de 2-10 cm ; entre-noeuds très courts, longs de 5-20 mm. Vrilles absentes. Stipules oblongues-triangulaires, à sommet atténué et ± longuement acuminé, 10-12 x 3-5 mm, à marges non ciliées, présentant de nombreuses nervures parallèles. Feuilles longues de 8-12 cm, de composition variable sur la même plante, bipennées, pennées, trifoliolées ou simples. Pétiole long de 2-3 cm, cylindrique, largement canaliculé ; pétiolules canaliculés, longs de 2-8(-12) mm. Folioles elliptiques, oblongues ou obovales, 30-40 x 12-14 mm, acuminées, à base nettement en coin, un peu décurrente sur le pétiolule ; nervation pennée, à 7-8 paires de nervures secondaires, faiblement saillantes ; texture mince. Feuilles des jeunes plants et des repousses de même composition mais à folioles linéaires, larges de 2-4 mm, apiculées. Inflorescences totalement glabres, en cymes ombelliformes longues de 6-10 cm. Pédoncule long de 2-3 cm, cylindrique. Bractées et bractéoles ± triangulaires, longues de 1-1,5 mm. Fleurs longues de 2-2,5 mm et de 1-2 mm de diamètre, verdâtres à violacées. Pédicelles cylindriques, longs de 2-3 mm. Calice cupuliforme, à bord non lobé. Corolle aplatie sur le dessus, nettement élargie à la base. Étamines à connectif non épaissi. Disque à 4 glandes aplaties. Baies ovoïdes, de 11-14 x 6-8 mm, glabres, charnues, violacées à pourpres à maturité. Graine réniforme, de 7-8 x 4-5 mm, comprimée latéralement ; rostre court, crête médiane peu marquée, lignes latérales nettes donnant du côté dorsal et ventral des reliefs courts très saillants ; testa lisse. (Pl. 3).

Nom vernaculaire : Mapou, Bois mapou.

Maurice. Endémique. Baker indique «jadis abondant sur la chaîne du Pouce et actuellement trouvé dans les vieilles forêts de la Grande Baie et dans la partie de l'île appelée Mapou qui lui a donné son nom». Cette espèce, qui a souvent été récoltée, est encore assez fréquente localement en forêt, dans les régions sèches (Montagnes du Rempart, Trois Mamelles...). C'est une plante tout à fait remarquable par son port réellement arborescent, unique dans la famille des Vitacées. Sur le plan biologique, *C. mappia* offre de nombreuses particularités intéressantes : tronc charnu, absence de vrilles, rameaux courts, croissance annuelle des axes très limitée, qui en font une espèce typiquement xérophytique, ayant des affinités certaines avec les *Cyphostemma* succulents d'Afrique du Sud. Sa présence à Maurice, comme endémique stricte, pose des problèmes phytogéographiques et phylogéniques d'importance. Floraison de janvier à mai et jusqu'en octobre.

3. VITIS L.

Sp. Pl. : 202 (1753) ; Gen. Pl. ed. 5 : 95 (1754)

Arbrisseaux sarmenteux, hermaphrodites ou polygames-dioïques. Feuilles simples, généralement palmatilobées, dentées. Stipules caduques, petites. Vrilles opposées aux feuilles ou situées à l'extrémité des pédoncules. Inflorescences oppositifoliées, en grappes. Fleurs 5-mères. Calice cupuliforme ou denticulé. Pétales cohérents et caduques sans se séparer. Disque constitué de 5 glandes soudées à la base de l'ovaire. Ovaire à 2 loges ; 2 ovules par loges. Baie polysperme pulpeuse à graines piriformes.

Genre comptant environ une centaine d'espèces de l'hémisphère boréal dans les régions tempérées d'Amérique et d'Asie.

74. VITACÉES

Selon P. Rivals, Esp. Fruit. Introd. Réunion : 25-27 (1960), 2 espèces ont été introduites à La Réunion. Les renseignements suivants sont tirés de son travail.

V. vinifera L., Bojer, H.M. : 60 ; la Vigne. Elle a été introduite pour la première fois vers 1665. Des tentatives nombreuses de culture de divers cultivars furent faites par la suite. Elles se soldèrent, pour la plupart, par des échecs (cf. P. Rivals, Historique de la Culture de la Vigne à La Réunion, in Rec. Trimest. Doc. Trav. pour servir à l'Histoire des Mascareignes françaises : 347-356, janv.-mars 1944). Sur le littoral, dans la région sous le vent, on cultive en tonnelle des variétés de raisin de table, dont la récolte a lieu en décembre-janvier. En altitude, la culture de *V. vinifera* n'est pratiquement pas possible à cause de virulentes attaques d'oïdiums.

V. labrusca L., espèce américaine dont le cultivar Isabelle a été introduit. Son introduction est ancienne et peut avoir été faite par des navigateurs portugais. Parfois appelé localement Vigne du Cap ou Raisin du Cap. Était cultivé pour la production du vin surtout dans les cirques (Cilaos, Salazie) où il croissait avec vigueur sur des pentes abritées. Mais à cause de ses effets néfastes sur l'organisme, une loi a ordonné l'arrachage de l'Isabelle. De nouvelles introductions ont été faites vers 1950 qui ont permis de maintenir, surtout dans le Cirque de Cilaos, une petite viticulture locale.

D'après J. Guého, *V. labrusca* est aussi présent à Maurice et à Rodrigues où on l'utilise pour couvrir des tonnelles, mais le raisin qu'il donne n'est pas transformé en vin.

Des données plus récentes ont été fournies par Th. Cadet. L'I.R.F.A. (Institut de Recherche sur les Fruits et Agrumes) a introduit, en 1976-77, à Cilaos, divers cépages de table et de cuve. 5 variétés de cuve et 6 de table ont donné de bons résultats. Le but est de proposer aux viticulteurs des variétés pour remplacer le cultivar Isabelle qui, bien qu'interdit, continue à être exploité. Les essais tentés en 1950, cités plus haut, ne semblent pas avoir donné de résultats positifs.

ESPÈCE EXCLUE

Vitis commersonii Baker, F.M.S. : 54. Basé sur *Cissus palmata* Poir. (Lam., Encycl. Suppl. 1 : 107 (1810) ; Bojer, H.M. : 60). Décrit sur du matériel stérile, à feuilles composées-digitées, à 5 folioles, qui ne correspond à aucun matériel connu de Maurice. Il existe in P-JU 11991, un échantillon annoté « *Cissus palmata* Poir., Encycl. Suppl., Desf. » qui correspond bien à la description de Poiret et qui doit être un double de l'échantillon de l'herbier Desfontaines indiqué comme le type de l'espèce par Poiret. Cet échantillon, P-JU 11991, est une récolte de Commerson venant de Montevideo. Poiret s'est vraisemblablement trompé en disant que sa plante venait de l'« Ile de France », et il s'agit là d'une espèce sud-américaine.

INDEX DES NOMS SCIENTIFIQUES

Les synonymes sont en italique. Les nombres gras indiquent les pages des illustrations.

Ampelocissus martinii Planch. 1.
Cayratia gracilis (Guill. et Perr.) Suess. 1.
Cissus L. 1.
— anulata Descoings 4, **5**.
— diffusiflora (Baker) Planch. 2.
— *mappia* Lam. 8.
— mauritiana Descoings **5**, 6.
— palmata Poir. 9.
— quadrangularis L. 2, **3**.
— rotundifolia (Forssk.) Vahl 2, **3**.
Cyphostemma (Planch.) Alston 6.
— mappia (Lam.) Galet **7**, 8.
Parthenocissus tricuspidata (Siebold et Zucc.) Planch. 1.
Saelanthus rotundifolius Forssk. 4.
Vitis L. 8.
— caribaea DC. 1.
— *commersonii* Baker 9.
— *glauca* auct. 4.
— labrusca L. 9.
— " cv. Isabelle 9.
— *mappia* (Lam.) Baker 8.
— *pachyphylla* Cordem. 4.
— *quadrangularis* (L.) Wall. ex Wigth et Arn. 2.
— *quadrangularis* (L.) Cordem. 2.
— vinifera L. 9.

INDEX DES NOMS VERNACULAIRES

Bois mapou 8.
Liane de boeuf 4.
Mapou 8.
Raisin du Cap 9.
Vanille du docteur Burke 2.
Vigne 9.
— du Cap 9.
— vierge 1.

FLORE DES MASCAREIGNES

75. LÉÉACÉES

par B. Descoings*

Arbres, arbustes, arbrisseaux hauts de 2-10 m. Tiges droites, ramifiées ou non, généralement lenticellées, à feuilles le plus souvent groupées aux extrémités. Feuilles grandes, composées-pennées, bi- ou triternées, à rachis canaliculé ; pétiole élargi et embrassant à sa base ; folioles de forme et de taille variables, généralement grandes, simples, à bords crénelés ou denticulés, à nervation simple, pennée. Stipules soudées au pétiole, caduques. Inflorescences grandes, corymbiformes, opposées aux feuilles supérieures. Fleurs rouges à jaune verdâtre, actinomorphes, de taille réduite, pédicellées. Calice courtement tubuleux à la base, à 5 segments deltoïdes dans la partie supérieure et à préfloraison valvaire. Corolle à 5 pétales valvaires dans le bouton, réfléchis à la fin de l'anthèse, soudés en tube dans la moitié inférieure et adnés au tube staminal, nettement cucullés au sommet. Coronule (tube staminal) constituée par un cylindre adné à la corolle au niveau de la ligne de soudure des pétales, formant dans sa partie inférieure un manchon de dimensions et de forme variables, et dans sa partie surpérieure une sorte de tube crénelé, à 5 lobes également variables. Filets staminaux insérés extérieurement sur la coronule, alternant avec les lobes, ascendants puis parfois coudés et descendants à l'intérieur de la coronule. Anthères dorsifixes, introrses et incluses par flexion du filet, extrorses et exsertes à la fin de l'anthèse, ou bien introrses et dressées ; connectifs épaissis, coriaces, de forme variable ; loges allongées, à déhiscence longitudinale. Ovaire supère, globuleux, à 4-6 loges ; placentation axile, sub-basale sur la cloison ; un ovule anatrope ascendant par loge ; style court cylindrique, à stigmate non renflé, entier, peu distinct. Baie globuleuse, côtelée, faiblement charnue, à 4-6 graines. Graines ovales-anguleuses, à section transversale triangulaire par compression latérale, présentant sur les faces latérales des sortes de dessins en relief ou en léger creux ; embryon linéaire, à radicule infère ; albumen ruminé montrant de profondes fossettes qui correspondent aux dessins du testa et qui se retrouvent dans la coupe tranversale.

Famille tropicale comprenant un seul genre et environ 80 espèces principalement asiatiques. En Afrique et à Madagascar deux espèces endémiques et une troisième largement répandue, seule présente à La Réunion et à Maurice.

LEEA D. van Royen ex L., *nom. cons.*

Syst. Nat. ed. 12, 2 : 627 (15-31 oct. 1767) ; Mant. 17 : 124 (15-31 oct. 1767)

Caractères de la famille.

L. guineensis G. Don, Gen. Syst. Gard. Bot. 1 : 712 (1831). Type de Guinée
— *L. arborea* Bojer, H.M. : 61, *nom. nud.*
— *L. coccinea* Bojer, H.M. : 61, *nom. nud.*
— *L. sambucina* auct. non Willd. : Schum. et Thonn., Plant. Guin. : 134 (1827) ; Bojer, H.M. : 60 ; Baker, F.M.S. : 54 ; Cordem., F.R. : 412 ; R.E. Vaughan, Maur. Inst. Bull. 1 : 22 (1937)
— *L. sambucina* var. *punctata* Cordem., F.R. : 413. Type de La Réunion (non trouvé in MARS)

Arbuste haut de 2-10 m, à tiges droites peu ramifiées, parfois légèrement sarmenteuses, renflées aux noeuds, à lenticelles nombreuses, à feuilles groupées aux extrémités. Feuilles bi-

* ORSTOM.

ou tripennées ; rachis long de 30-60 cm, ramifications longues de 20-40 cm, ± canaliculées sur le dessus et munies vers la base de petits tubercules, glabres, faiblement pubescentes aux insertions ou nettement pubescentes ; pétiole renflé et ± engainant, glabrescent ou pubescent. Stipules de 2-4 x 1-3 cm, épaisses, rapidement caduques. Folioles 3-5-7 ; limbe plan, assez épais, discolore, brillant, de forme assez variable sur un même pied, généralement ± elliptique, souvent ovale-elliptique ou elliptique-oblong, ou même ovale ou oblong, à base presque toujours en coin, rarement obtuse, à sommet acuminé, à marges denticulées, 7-25 x 3-11 cm, glabre ou ± nettement pubescent sur la face inférieure sur les nervures ; 8-10 paires de nervures secondaires ± saillantes ; réticulum en léger relief sur la face supérieure. Inflorescences opposées aux feuilles du sommet, en cymes corymbiformes larges de 10-20 cm ; pédoncule et axes épais, cylindriques, sillonnés, munis de quelques rugosités, ± densément pubescents ou glabrescents ; bractées ou bractéoles ovales-deltoïdes-aiguës, longues et larges de 0,5-1,5 mm, glabres ou faiblement pubescentes, caduques. Fleurs longues d'environ 5 mm et d'environ 3 mm de diamètre, de couleur variant du rouge corail à l'orangé jaune. Pédicelles longs de 1-2 cm, cylindriques, épaissis sous le calice, faiblement pubescents. Calice long de 1,5-2,5 mm, de 1,5-2,5 mm de diamètre, épais, à dents deltoïdes-aiguës, généralement glabre ou lébèrement pubescent. Corolle globuleuse, longue d'environ 4 mm, glabre, à segments oblongs, cucullés. Coronule de couleur blanche à rose, de 2-3 mm de hauteur et de diamètre, à lobes oblongs, épais, bidentés. Étamines à filet blanc, à connectif oblong, étroit. Ovaire hémisphérique, d'environ 1 mm de diamètre, glabre ; style long de 1,5-2,5 mm ; stigmate capité. Baie rouge à maturité, discoïde, comprimée sur le dessus et en dessous, de 8-10 mm de diamètre, épaisse de 6-7 mm, glabre, munie du calice persistant. Graines en général 4 à 6, de 4-5 x 3-4 mm, à faces latérales planes. (Pl.).

Noms vernaculaires : Bois de sureau, Bois de sureau blanc, Bois de source (R.) ; Bois sureau, Bois sureau en arbre, Bois boeuf (M.).

La Réunion, Maurice. Plante indigène, existant aussi à Madagascar et en Afrique, assez commune. Elle est largement distribuée de la mer aux hautes terres. Elle croît surtout dans les fourrés, les ravins ombragés, les forêts, fréquemment à l'ombre d'autres végétaux, dans les sous-bois même sombres. C'est un buisson, un arbuste ou même un petit arbre aux folioles de forme très variable, avec des fleurs de teinte également variable, apparaissant de novembre à avril. Elle ne semble pas avoir d'usage particulier. La grande variabilité observée, principalement dans les caractères morphologiques des feuilles et de l'inflorescence, a déterminé initialement la distinction de plusieurs espèces par Bojer. Pratiquement les variations observées sur un abondant matériel d'herbier entrent dans les limites de la plasticité du *Leea guineensis* tel qu'on l'observe à Madagascar et en Afrique. Seule une étude détaillée des possibles corrélations entre les diverses formes apparentes et les conditions écologiques stationnelles pourrait peut-être conduire à l'individualisation de « formes » comme cela a été fait à Madagascar. Il faut encore signaler des variations plus fondamentales au niveau de la forme de la partie inférieure de la coronule et des reliefs visibles sur les faces de la graine dont la stabilité demanderait à être confirmée pour pouvoir être prise en compte au niveau variétal ou même sous-spécifique.

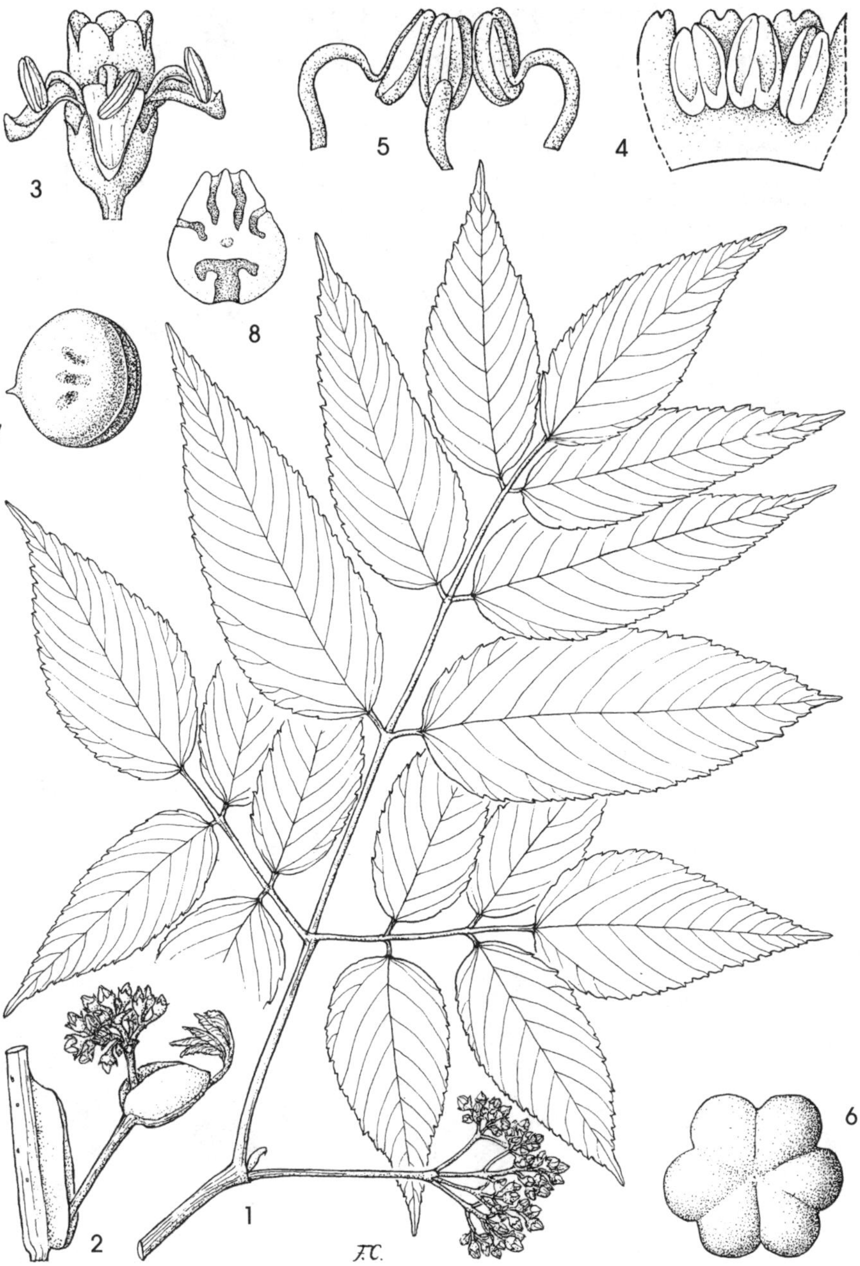

Leea guineensis : **1**, rameau fleuri x 2/3 ; **2**, jeune inflorescence x 1 ; **3**, fleur après l'anthèse, les étamines récurvées x 3,5 ; **4**, fragment de la coronule, côté interne, avec 3 étamines x 7 ; **5**, 3 étamines, au moment de l'anthèse, séparées de la coronule x 7 ; **6**, fruit x 2 ; **7**, graine x 4 ; **8**, coupe longitudinale d'une graine x 4. (**1**, *Friedmann* 1519 (P) ; **2**, *Bosser* 20930 (P) ; **3-5**, *Cadet* 3602 (P) ; **6-8**, *Cadet* 3904 (REU)).

75. LÉÉACÉES

INDEX DES NOMS SCIENTIFIQUES

Les synonymes sont en italique. Le nombre gras indique la page de l'illustration.

Leea D. van Royen ex L. 1.
— *arborea* Bojer 1.
— *coccinea* Bojer 1.
— guineensis G. Don 1, **3**.
— *sambucina* auct. 1.
— *sambucina* var. *punctata* Cordem. 1.

INDEX DES NOMS VERNACULAIRES

Bois boeuf 2.
— de source 2.
— " sureau 2.
— " sureau blanc 2.
— sureau 2.
— " en arbre 2.

FLORE DES MASCAREIGNES

76. SAPINDACÉES

par F. Friedmann*

Radlkofer in Engler, Pflanzenr. 98 IV, 165 (1931-34)

Arbres, arbustes, lianes ligneuses ou herbacées. Feuilles alternes, généralement composées impari- ou paripennées ou trifoliolées, plus rarement simples (*Dodonaea*), sans stipules (sauf *Cardiospermum*). Inflorescences complexes (thyrses), paniculiformes, racémiformes, corymbiformes, rarement en grappes simples (*Molinaea macrantha*). Fleurs généralement petites, actinomorphes ou zygomorphes, le plus souvent unisexuées par avortement des organes mâles ou femelles. Calice à 5 sépales (parfois 3-4 ou 7), libres, imbriqués, ou calice cupuliforme, à 5 lobes valvaires. Corolle à 4-6 pétales, le plus souvent de structure complexe, soit à marges involutées soit à écailles épipétales de formes diverses, souvent ciliés, ou fleurs apétales. Disque charnu presque toujours présent, entier ou ± lobé, ou formé de glandes libres (*Cardiospermum*), régulier ou unilatéral. Étamines 5 à 20 (-24), souvent 5 ou 8, libres ; staminodes sur les fleurs femelles. Ovaire supère, soit fortement lobé et à 2-3 (-4) carpelles presque libres, réunis par le style, soit à carpelles entièrement soudés, à 2-3 loges et à style unique, entier ou divisé au sommet. Ovules 1 ou 2 par loge, axiles, pendants ou ascendants. Fruit soit une capsule ± déhiscente, parfois ailée, soit charnu, bacciforme ou drupacé, parfois fortement lobé et à méricarpes ± libres, indéhiscents ou plus rarement déhiscents (*Stadmania*). Graines sans albumen, souvent ± entourées par un arille ou un arillode pulpeux, translucide, ou au contraire d'aspect cireux, opaque ; embryon à cotylédons droits ou enroulés, à radicule souvent logée dans une poche du tégument séminal.

Famille essentiellement tropicale, d'environ 150 genres et 2000 espèces. Aux Mascareignes, 8 genres indigènes : *Dodonaea*, *Cardiospermum*, *Allophylus* qui sont pantropicaux, *Stadmania* qui existe en Afrique, à Madagascar, *Cossinia* aussi de Nouvelle-Calédonie, *Molinaea* et *Doratoxylon* communs à Madagascar, *Hornea* enfin, genre monospécifique endémique de Maurice.

La foliole terminale est, semble-t-il, toujours présente dans le bourgeon foliaire mais, chez les espèces à feuilles paripennées, elle cesse très tôt de se développer et seules les folioles latérales grandissent. Il ne restera au sommet du rachis qu'une foliole vestigiale sous forme d'un court ergot qui est souvent très caduc. Les folioles latérales sont généralement opposées mais elles peuvent aussi devenir alternes. Dans ce cas, une foliole se trouve en position pseudoterminale et la feuille semble imparipennée. Un examen attentif révèle cependant que c'est l'ergot qui occupe la vraie position terminale.

Les fleurs femelles ont parfois l'apparence de fleurs hermaphrodites mais leurs étamines sont stériles (staminodes) et nettement plus petites que les étamines fertiles des fleurs mâles. Celles-ci ont un ovaire très réduit (pistillode). *Cardiospermum* a des fleurs hermaphrodites et des fleurs mâles. Dans les espèces monoïques, la proportion de fleurs mâles et femelles sur une inflorescence varie d'une plante à l'autre selon la vigueur de la plante ou la position ± favorisée de l'inflorescence. Il peut y avoir prédominance de l'un ou l'autre sexe.

Le Litchi (*Litchi chinensis*) et le Longani (*Euphoria longan*) sont très cultivés aux Mascareignes et sont traités dans la Flore. D'autres Sapindacées sont occasionnellement cultivées :

Nephelium lappaceum L. ; Rivals, Esp. Fruit. Introd. Réunion : 30 (1960) ; *Euphoria nephelium* DC., Bojer, H.M. : 56 ; Ramboutan. Arbre à feuilles composées et à fleurs semblables à celles du Litchi ; fruits à 1-2 méricarpes couverts d'excroissances molles, ressemblant à des épines. L'arillode entourant la graine est la partie comestible. Contrairement au Litchi, l'arillode est adhérent à la graine. Ceci est dû à l'origine différente de ce tissu chez les 2 espcèes : chez le Ramboutan il semble être le tégument séminal externe (sarcotesta d'après van der Pijl, pachychalaze d'après Corner) devenant charnu au cours du développement du fruit, alors que chez le Litchi, comme d'ailleurs chez le Longani, il naît à la base de l'ovule qu'il enveloppe après la fécondation (voir van der Pijl, Act. Bot. Neerl. 6 : 618-641 (1957) ; Corner, The Seeds of Dicotyledons (1976)).

* ORSTOM et Laboratoire de Phanérogamie, Muséum, Paris.

76. SAPINDACÉES

Majidea zanguebarica Kirk. Arbre à feuilles paripennées et dont le fruit est une capsule déhiscente à 3 loges dont l'intérieur est rouge ; les graines sont noires, sans arillode. Quelques exemplaires ont été plantés à Rodrigues, près de Port Mathurin. L'espèce aurait tendance à se naturaliser car on trouve de jeunes plants sous les arbres adultes. A La Réunion, il y a quelques exemplaires au Jardin de l'État à Saint Denis et, à Maurice, elle est occasionnellement plantée (Mahébourg, Bras d'Eau).

Blighia sapida Koenig ; Bojer, H.M. : 55 ; Rivals, Esp. Fruit. Introd. Réunion : 32 (1960) ; Akee (M.). Grand arbre originaire d'Afrique occidentale ; fruit piriforme, déhiscent, rouge à maturité, renfermant 3 graines dont la base est entourée d'un arillode blanchâtre. Cet arillode immature contient un principe toxique dont la teneur diminue fortement à maturité ; il devient alors comestible après cuisson. L'espèce est cependant signalée pour avoir provoqué des empoisonnements. En Amérique centrale et aux Caraïbes, elle est cultivée et le fruit est parfois commercialisé. Aux Mascareignes, quelques exemplaires existent au Jardin des Pamplemousses, à Maurice ; à La Réunion, d'après Rivals, elle a été introduite par A. Kopp en 1935, à la station agronomique de Saint Denis. Rivals attire aussi l'attention sur l'intérêt ornemental de l'espèce.

En outre, des exemplaires de *Alectryon ferrigineus* (Blume) Radlk., originaire de Nouvelle-Guinée et de *Schleichera oleosa* (Lour.) Oken, d'Indo-Malaisie, existent au Jardin de l'État de Saint Denis, La Réunion. D'après J. Guého, *Schleichera oleosa* et *Filicium decipiens* (Wight et Arn.) Thwaites ex Hook.f. sont présents au Jardin des Pamplemousses et *Nephelium mutabile* Blume est rarement cultivé à Rose Hill, à Maurice. Bojer cite aussi quelques espèces cultivées en son temps au Jardin des Pamplemousses, dont nous n'avons pas vu d'échantillons.

1. Feuilles simples ; arbustes **1. Dodonaea**
— Feuilles composées ; arbres, arbustes ou herbes ± lianescentes. **2**

2. Feuilles ayant une foliole terminale. **3**
— Feuilles sans foliole terminale (souvent un ergot présent). **5**

3. Herbes munies de vrilles, ± lianescentes. **2. Cardiospermum**
— Arbres ou arbustes. **4**

4. Feuilles trifoliolées, glabres ; fleurs de moins de 3 mm de diamètre. **3. Allophylus**
— Feuilles généralement 5-foliolées, pubescentes dessous ; fleurs de plus de 1 cm de diamètre. **4. Cossinia**

5. Pétales présents (parfois très petits). **6**
— Fleurs apétales (chez *Doratoxylon*, parfois 1 pétale). **9**

6. Fruit, une capsule ailée ou à angles vifs. **7**
— Fruit subsphérique, charnu, bacciforme (plantes cultivées ou naturalisées). **8**

7. Fleurs d'environ 1,5 cm de diamètre ; rameaux ultimes de 0,8-1 cm d'épaisseur environ ; fruit à 2 ailes. (Maurice). **5. Hornea**
— Fleurs de moins de 1 cm de diamètre ; rameaux ultimes de moins de 5 mm d'épaisseur ; fruit trigone, sans ailes. **6. Molinaea**

8. Face inférieure des feuilles pubescente (parfois seulement les feuilles jeunes), à toucher velouté ; graine sans arillode. **7. Sapindus**
— Face inférieure des feuilles pratiquement glabre ; graine entourée d'un arillode charnu. **8. Euphoria**

9. Inflorescences racémiformes, d'aspect ± cylindrique, allongées, à axe principal simple ou peu ramifié, dressées. **9. Stadmania**
— Inflorescences n'ayant pas tous ces caractères. **10**

10. Inflorescences contractées, d'aspect globuleux, pratiquement sessiles. **10. Doratoxylon**
— Inflorescences diffuses, très ramifiées, nettement pédonculées. **11. Litchi**

1. DODONAEA Mill.

Gard. Dict. Abridg. ed. 4 (1754)

Arbustes hermaphrodites, polygames ou dioïques, à feuilles persistantes simples (ou imparipennées chez quelques espèces de Madagascar et d'Australie), alternes, munies de petites glandes épidermiques circulaires, aplaties, sécrétant une résine. Inflorescences en grappes ou en panicules courtes. Fleurs régulières, apétales, à 3-7 sépales valvaires ; disque très réduit ou nul, développé en un court gynophore chez les fleurs femelles. Fleurs mâles à 5-15 étamines subsessiles et pistillode très réduit. Fleurs femelles à ovaire 2-4-loculaire, ± anguleux ; style apical ; 2 ovules par loge, l'un dressé, l'autre pendant. Fruit, une capsule membraneuse, septifrage, à 2-4 loges ailées. Graines lenticulaires, munies d'un petit arille au niveau du hile, souvent une seule par loge ; embryon enroulé en spirale.

Genre d'environ 50 espèces, la majorité d'Australie. Aux Mascareignes une espèce pantropicale polymorphe.

Selon Leenhouts (Blumea 28 : 280 (1983)), les *Dodonaea* des Mascareignes correspondent à *D. angustifolia*, une espèce polygame ou dioïque pantropicale, qu'il distingue de *D. viscosa s.str.*, à fleurs hermaphrodites, elle aussi pantropicale. Les deux types de plantes sont présents à Madagascar, le premier dans la végétation de basse altitude et jusque vers 1500 m, le second dans la végétation littorale. Capuron, Mém. Mus. natn. Hist. nat., Paris, n.s., sér. B, 19 : 27 (1969), les considère comme des taxons infraspécifiques du complexe *D. viscosa*, sans suggérer qu'il puisse s'agir de 2 espèces distinctes. Smith (Flora Vitiensis Nova 3 : 615 (1985)) ne retient qu'une seule espèce pour les diverses formes. Les plantes des Mascareignes sont traitées comme appartenant au complexe *D. viscosa* s.l.

D. viscosa (L.) Jacq., Enum. Syst. Pl. Carib. : 19 (1760) ; Baker, F.M.S. : 61 ; Balf. f., B.Ro. : 335. Type de La Jamaïque

— *Ptelea viscosa* L., Sp. Pl. : 118 (1753)

— *Dodonaea salicifolia* DC., Prodr. 1 : 617 (1824) ; Bojer, H.M. : 57. Type de Nouvelle-Hollande

— *D. microcarpa* DC., Prodr. 1 : 617 (1824) ; Cordem., F.R. : 381. Type de La Réunion ou de Maurice ?

— *D. angustifolia* L.f., Suppl. : 218 (1781) ; Cordem., F.R. : 381 ; Leenhouts, Blumea 28 : 280 (1983) ; W. Strahm, Plant Red Data Book for Rodrigues : 172 (1989). Type de l'Inde

Arbuste dioïque (aux Mascareignes), polygame ou hermaphrodite, très ramifié, atteignant 3-4 m de hauteur (aux Mascareignes), à rameaux ascendants. Feuilles persistantes, à limbe de largeur très variable, de 6-12 x (0,3-) 1,1-2,5 (-3) cm, visqueuses surtout à l'état jeune du fait de la présence de nombreuses glandes résinifères (présentes aussi sur les jeunes rameaux, les sépales, l'ovaire). Fleurs mâles longues de 4-6 mm, à (3-) 4 sépales longs de 2-3 mm ; étamines 7-9, subsessiles, à anthères longues de 2-3 mm ; disque nul ; pistillode long de 0,5 mm. Fleurs femelles à périanthe identique, à staminodes très réduits (longs de ± 0,1 mm) et disposés à la base d'un gynophore long de ± 0,5 mm ; ovaire à (2-) 3 loges ; style droit, divisé en (2-) 3 branches restant ± adhérentes. Fruit ailé, de consistance papyracée, de 0,5-1 x 1-1,5 cm. Graines dures, noires, d'environ 3 mm de diamètre. (Pl. 1, 1-3).

Noms vernaculaires : Bois de reinette (R., M., Ro.) ; Bois gournable (Ro. ; désigne une grosse cheville de bois, dans la construction navale traditionnelle). Bois d'aulne est noté sur l'échantillon *G. de l'Isle* 635 (1875), (R.).

La Réunion, Maurice, Rodrigues. Indigène. Cette forme dioïque de l'espèce pantropicale se trouve surtout dans les régions les plus sèches et, à La Réunion, jusqu'à une altitude de 1400 m, sur des sols de crête bien drainés. Aux Mascareignes, le phénomène d'hétérophyllie lié à l'écologie vient amplifier le polymorphisme foliaire. Ainsi, à La Réunion, les plantes poussant en altitude (800 à 1400 m), ont un limbe assez large (6-10 x 1,5-2,8 cm, donc un rapport longueur/largeur de ± 4). En basse altitude (50 à 500 m), en milieu plus sec, les plantes ont un limbe plus étroit (7-12 x 0,7-1,1 cm, donc L/l de ± 10), pouvant devenir linéaire dans les cas extrêmes (*Cadet* 1816 : 6-9 x 0,3 cm, donc L/l de 20 à 30). La forme du limbe est la plus étroite chez les plantes jeunes, elle s'élargit chez les plantes âgées, sans atteindre le rapport L/l des plantes d'altitude. Dans les stations les plus exposées, les arbustes

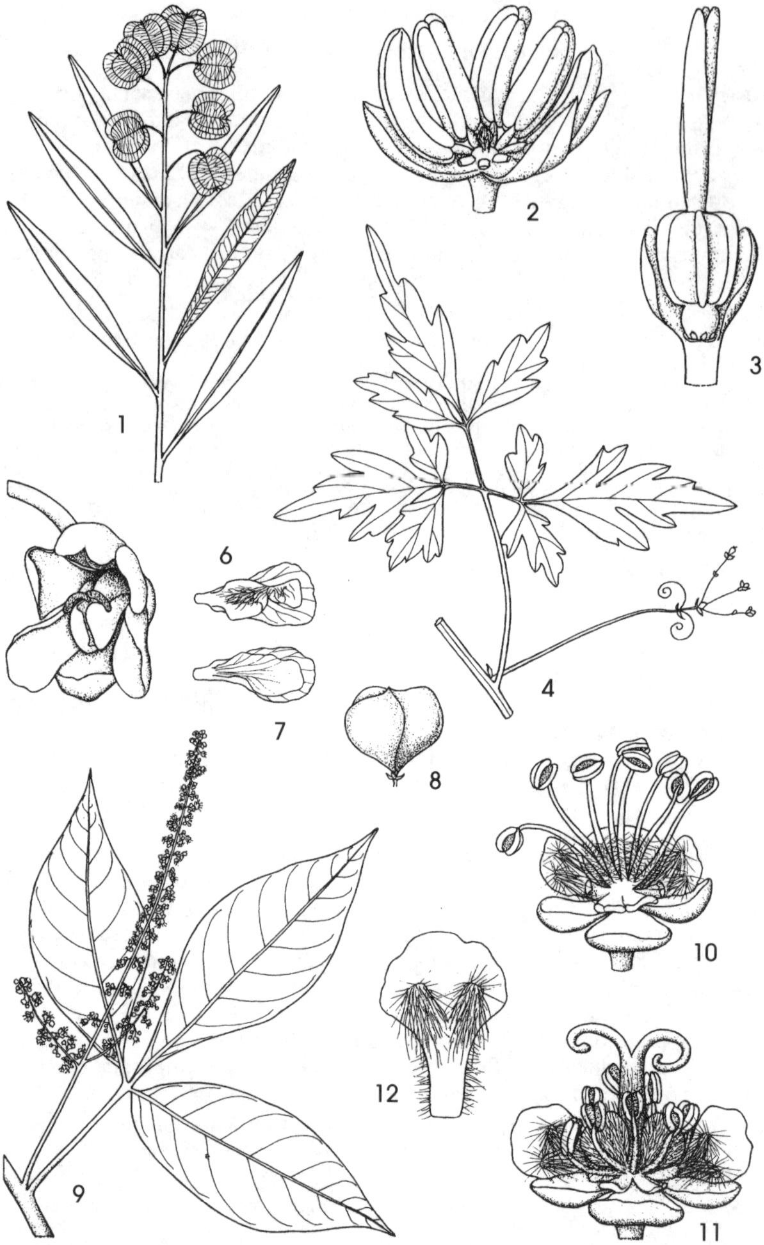

Pl. 1. — **Dodonea viscosa** : **1**, rameau en fruit x 2/3 ; **2**, fleur mâle x 8 ; **3**, fleur femelle x 8. — **Cardiospermum halicacabum** var. **microcarpum** : **4**, feuille et inflorescence x 1 ; **5**, fleur (d'après photo) ; **6**, pétale supérieur et écaille x 8 ; **7**, pétale inférieur et écaille x 8 ; **8**, fruit x 2/3. — **Allophylus borbonicus** : **9**, feuille et inflorescence x 2/3 ; **10**, fleur mâle x 10 ; **11**, fleur femelle x 10 ; **12**, pétale x 15. (**1**, *Barclay*, 1748 (K) ; **2**, *Cadet* 1816 ; **3**, *Cadet* 4845 ; **4-5** et **8**, *Friedmann* 2043 ; **9-12**, *Friedmann* 2317 (P)).

gardent longtemps ces feuilles à limbe étroit et ils peuvent fleurir et fructifier. Le phénomène existe aussi à Maurice et à Rodrigues. Dans la végétation littorale l'espèce a seulement été observée (à l'état stérile) sur Gombrani, un îlot de calcaire corallien situé près de la côte Sud de Rodrigues, en compagnie d'autres espèces typiques de cette formation : *Sophora tomentosa, Suriana maritima*, etc. Il s'agit peut-être de la forme à fleurs hermaphrodites que l'on trouve aussi à Madagascar (côte Est), aux Comores, aux Seychelles et jusqu'aux rivages tropicaux de l'Atlantique et du Pacifique.

Usages : D'après Cordemoy (F.R. : 382) la plante serait dépurative, astringente et vulnéraire. R. François (Quelques plantes médicinales de La Réunion (1976)) indique que l'infusion serait efficace contre une forme de lithiase rénale.

2. CARDIOSPERMUM L.

Sp. Pl. : 366 (1753) ; Gen. Pl. ed. 5 : 171, n° 447 (1754)

Lianes ligneuses ou herbacées, parfois annuelles. Feuilles composées biternées. Inflorescences ombelliformes, longuement pédonculées, souvent munies de vrilles. Fleurs polygames, zygomorphes. Sépales 4 (-5), imbriqués. Pétales 4, munis sur la face interne d'une grande écaille pétaloïde ou glanduleuse. Disque unilatéral, formé de 2 glandes ± proéminentes. Fleurs hermaphrodites : étamines 8 ; ovaire trigone, à 3 loges uni-ovulées, à 3 stigmates papilleux ; ovule axile, ascendant. Fleurs mâles : ovaire remplacé par un pistillode. Fruit, une capsule papyracée, aérifère, contenant 3 graines noires, rondes, arillées.

Genre de 14 espèces, la plupart d'Amérique tropicale, quelques-unes pantropicales comme *C. halicacabum* dont la variété *microcarpum* est naturalisée aux Mascareignes. *C. corindum* L., liane subligneuse vivace, dont le fruit atteint 4 cm de largeur, est parfois cultivée comme plante ornementale.

C. halicacabum L. var. **microcarpum** (Kunth) Blume, Rumphia 3 : 185 (1847) ; Balf.f., B. Ro. : 335. Type : San Fernando, Orénoque, *Humboldt et Bonpland* in Herb. *Humb. et Bonpl.* (P, holo. !)
— *C. microcarpum* Kunth in H.B.K., Nov. Gen. et Sp. 5 : 104 (1821) ; H.H. Johnston, Trans. Proc. Bot. Soc. Edinb. 20 : 393 (1896)
— *C. halicacabum* auct. non L. : Bojer, H.M. : 54 ; Baker, F.M.S. : 56 ; Cordem., F.R. : 382 ; Th. Cadet, Fleurs et Plantes Réunion et Maurice : 112, pl. (1981)

Herbe lianescente annuelle, atteignant 2 m de longueur, s'accrochant à l'aide de vrilles d'inflorescence. Feuilles longues de 5-10 cm, à folioles ± profondément incisées. Fleurs blanches, parfois teintées de rose, en ombelles de cymes pauciflores. Fleurs mâles larges d'environ 6 mm, les sépales inférieur et supérieur longs d'environ 3 mm, les 2 sépales latéraux longs de 1,5 mm ; disque formé de 2 glandes de 0,5 mm de diamètre, proches du sépale supérieur ; androgynophore court, soudé à sa base au sépale inférieur ; les 2 pétales supérieurs munis d'une écaille allongée dont l'extrémité glanduleuse est jaune ; les 2 pétales inférieurs à écaille foliacée presqu'aussi grande que le pétale lui-même ; ces 4 écailles entourant étroitement l'androgynécée. Étamines longues de 2,5 mm. Pistillode long de 0,3 mm. Fleurs hermaphrodites semblables mais plus petites, ne s'épanouissant pas complètement. Étamines comme dans les fleurs mâles. Ovaire long de 2-3 mm, ± pubescent. Fruit long et large de 2 cm environ, parfois plus petit, légèrement pubescent. Graines de 3-4 mm de diamètre, munies d'un petit arille autour du hile (Corner, op. cit. : 242 (1976)). (Pl. 1, 4-8).

Noms vernaculaires ; Poc-poc, Poc-poc liane (R.,M.) ; Bonnet de prêtre (Ro.).

Existe dans les zones basses des 3 îles, dans des endroits incultes, aux bords des routes, etc., probablement introduite fortuitement. Utilisée en tisane ou en cataplasme, la plante est « astringente, diurétique, pectorale et antirhumatismale » (R. François). Cordemoy cite aussi ces propriétés tout en les disant « fort exagérées ». Dans certains pays les feuilles sont consommées comme brèdes.

3. ALLOPHYLUS L.

Sp. Pl. : 348 (1753) ; Gen. Pl. ed. 5 : 164 n° 428 (1754)

– *Schmidelia* L., Mant. : 10 (1767)

– *Ornitrophe* Comm. ex Juss., Gen. Pl. : 247 (1789)

Arbres ou arbustes à feuilles 1-, 3-, ou 5-foliolées. Inflorescences axillaires, racémiformes, simples ou ramifiées. Fleurs unisexuées, zygomorphes, à 4 sépales inégaux, 4 pétales caducs, munis d'une ou de 2 écailles ± pileuses sur la face interne. Disque unilatéral, formé de 4 lobes charnus. Étamines 8, exsertes, ou 8 staminodes. Ovaire didyme à 2 carpelles (rarement à 3 carpelles) ou pistillode très réduit ; style unissant les carpelles, divisé au sommet en 2 (-3) branches stigmatiques ; 1 ovule par carpelle, axile, ascendant. Fruit à 1 (-2) méricarpes drupacés, à péricarpe pulpeux. Graines sans arillode ; embryon à cotylédons pliés.

Genre pantropical de plus de 200 espèces dont la délimitation est souvent difficile. Aux Mascareignes, 1 ou peut-être 2 espèces endémiques.

A. borbonicus (J.F. Gmel.) F. Friedmann, *comb. nov.* Type : La Réunion, *Commerson* s.n. (P-JU 11366, holo. !)
— *Ornitrophe borbonica* J.F. Gmel., Syst. Nat. 1 : 613 (1791), référence à la description générico-spécifique de *Ornitrophe* Comm. ex Juss.
— *O. integrifolia* Willd., Sp. Pl. 2, 1 : 322 (1799), référence à Lam., Illust. 2 : t. 309, fig. 1 (1793). Type : La Réunion, *Commerson* s.n. (P-LA, holo.)
— *Schmidelia integrifolia* (Willd.) DC., Prodr. 1 : 610 (1824) ; Bojer, H.M. : 55
— *S. racemosa* auct. non L. : Bojer, H.M. : 55 ; Baker, F.M.S. : 56 ; Cordem., F.R. : 382
— *S. racemosa* var. *integrifolia* (Willd.) Baker, F.M.S. : 57 ; Cordem., F.R. : 382
— *Allophylus integrifolius* (Willd.) Blume, Rumphia 3 : 129 (1847) ; Radlk. in Engl., Pflanzenr. 98 a, IV, 165 : 531 (1931) ; R.E. Vaughan, Maur. Inst. Bull. 1 : 22 (1937)
— *A. cobbe* auct. non (L.) Raeusch. : Balf. f., B. Ro. : 335 [*A. cobbe* Blume]
— *A. cobbe* sensu Leenhouts, Blumea 15 : 313 (1967) ; Capuron, Mém. Mus. natn. Hist. nat., Paris n.s., sér. B, 19 : 67 (1969), pour ce qui est des plantes des Mascareignes (nomenclature informelle : race *borbonicus*)
— *A.* sp., W. Strahm, Plant Red Data Book for Rodrigues : 171 (1989)

Petit arbre atteignant 8-10 m de hauteur. Feuilles trifoliolées, pratiquement glabres (pubescence très éparse sur les nervures sur la face inférieure). Foliole médiane elliptique ou légèrement obovale, acuminée au sommet, cunéiforme à la base, de 4-14 x 2-5,5 cm, (atteignant chez les plantes juvéniles 24 x 8,5 cm), les 2 folioles latérales plus petites, à base asymétrique ; domaties ± nettes à l'angle des nervures secondaires ; celles-ci n'atteignant pas la marge du limbe (incurvées à leur extrémité et s'anastomosant entre elles), sauf parfois vers le sommet des folioles où la terminaison de la nervure est alors marquée par une dent minuscule, la marge étant par ailleurs entière ; pétiole long de 1,3-7 (-14,5) cm et épais de ± 1,5 mm (sur herbier). Inflorescences axillaires, longues de 5-15 cm, simples ou à 2-3 ramifications latérales, mixtes ou à forte prédominance de fleurs mâles ou femelles. Fleurs longues de ± 3 mm, à 4 sépales longs de 1-2 mm, les 2 antéro-postérieurs nettement plus larges que les 2 latéraux. Pétales 4, très caducs, blancs, longs de 2 mm, portant 2 écailles velues sur la face interne. Disque à 4 lobes charnus longs de ± 0,5 mm. Fleurs mâles à 8 étamines longues de 3-4 mm, dont 5 soudées à la base du disque et 3 libres, à filets velus ; pistillode long de ± 0,5 mm. Fleurs femelles à 8 staminodes longs de ± 1,5 mm, à 2 carpelles globuleux, pubescents, situés de part et d'autre du style gynobasique ; branches stigmatiques d'abord droites puis recourbées. Fruit rarement à 2 méricarpes développés, le plus souvent un seul, obovoïde, long de ± 1 cm, rouge orangé à maturité. (Pl. 1, 9-12).

Noms vernaculaires : Bois de merles (R.,M.) ; Bois trois feuilles (M.).

La Réunion, Maurice, Rodrigues. Endémique. Cette espèce existe dans les 2 premières îles à basse et moyenne altitudes, dans les formations végétales relativement hygrophiles. Elle est encore assez fréquente à La Réunion où elle peut pousser jusqu'à une altitude de 1400 m. Dans les stations exposées, sur les crêtes, on trouve des plantes à petites folioles.

Les plantes de Rodrigues peuvent être rattachées par leur aspect général à *A. borbonicus*, la marge des folioles est cependant souvent un peu crénelée, une dent minuscule étant présente au fond des sinus où se termine une nervure latérale. Elles sont devenues très rares, seuls 2-3 individus ont été vus à Grande Montagne.

Espèce insuffisamment connue

A. commersonii Blume, Rumphia 3 : 129 (1847). Type : Maurice, *Commerson* s.n. (L, holo. ! ; P, iso. !)*
— *A. integrifolius* auct. non (Willd.) Blume : Radlk., loc. cit. (1931)

Arbre atteignant une dizaine de mètres de hauteur. Feuilles trifoliolées, à pétiole robuste, long de 4-11 cm et épais de ± 2,5 mm (sur herbier). Foliole médiane elliptique, courtement acuminée au sommet, obtuse à la base, 11-18 x 6-10 cm, à marges portant de petites dents espacées à la base desquelles vient se terminer une nervure latérale. Folioles latérales aussi grandes ou un peu plus petites, à base asymétrique. Inflorescences à axes plus épais que chez *A. borbonicus*.

Maurice. Endémique, rare (Forêt de Macabé). Cette espèce a été mise en synonymie de *A.* (*integrifolius*) *borbonicus* par Radlkofer, comme une simple forme à feuilles plus grandes. Cepdendant l'observation de la plante sur le terrain permet de relever d'autres caractères différentiels de nature végétative : arbre à tronc plus gros, à écorce plus lisse et plus claire, branches plus tortueuses, à rameaux ultimes plus épais. Il s'agit d'une entité taxonomique distincte de *A. borbonicus sensu stricto*, peut-être de niveau infraspécifique. La plante est encore insuffisamment connue. Je lui laisse provisoirement son statut spécifique, en attendant qu'une étude détaillée puisse être réalisée sur des spécimens plus complets.

4. COSSINIA Comm. ex Lam.

Encycl. 2 : 132 (1786)

Arbres à feuilles composées-imparipennées, longuement pétiolées. Inflorescences axillaires et terminales, corymbiformes à l'extrémité des rameaux. Fleurs unisexuées par avortement, zygomorphes. Sépales 5, imbriqués, couverts de poils stellés et ayant quelques poils glanduleux sur les marges. Pétales 4 (-5), pubescents, portant 1 rang de poils glanduleux très courts sur les marges. Disque unilatéral, ± lobé ou régulier. Fleurs mâles à 5 (-6) étamines longuement exsertes, à pistillode très petit, glabre. Fleurs femelles à 5 (-6) staminodes ; ovaire triloculaire, trigone, pubescent (poils stellés) ; style filiforme : 2 ovules axiles par loge, insérés au même niveau sur le placenta, l'un dressé, l'autre pendant. Fruit, une capsule trilobée, à déhiscence septicide, s'ouvrant en 3 valves autour d'une columelle portant 6 graines.

Genre de 4 espèces, 1 de Nouvelle-Calédonie, 1 d'Australie, 1 des îles Fidji et 1 endémique des Mascareignes (R. et M.).

L'orthographe originale, voulue par Lamarck, doit être retenue et non « *Cossignia* Comm. ex Juss. ».

---

* Blume (loc. cit.) indique La Réunion comme origine du spécimen type, l'isotype porte la mention Maurice. La plante n'a été retrouvée qu'à Maurice qui est probablement sa seule origine. Le numéro 407 porté sur le type est un numéro d'inventaire de l'herbier de Paris, on le retrouve aussi sur des spécimens d'*A. borbonicus*.

C. pinnata Comm. ex Lam., Encycl. 2 : 132 (1786) ; Bojer, H.M. : 56 ; Baker, F.M.S. : 58 ; Cordem., F.R. : 383 ; R.E. Vaughan, Maur. Inst. Bull. 1 : 22 (1937) ; Rivals, Étud. Vég. Nat. Réunion : 174 (1952). Type : Maurice, *Commerson* (P-LA, holo. !)
— *C. triphylla* Comm. ex Lam., loc. cit. (1786). Type : Probablement de Maurice, *Commerson* (P-LA, holo. !)
— *C. borbonica* DC., Prodr. 1 : 614 (1824). Type : La Réunion, *Commerson* ? (G-DC, lecto !)

Arbuste ou arbre monoïque atteignant 15 m de hauteur, à tronc peu élevé, se ramifiant rapidement ; écorce beige rougeâtre, platanoïde. Rameaux jeunes couverts d'une pubescence jaunâtre, ainsi que les pétioles et les nervures. Feuilles longues de 10-20 cm (feuilles juvéniles atteignant 30 cm), généralement à 5 folioles (1 seule chez les plantules, puis jusqu'à 11 chez les plantes juvéniles, enfin 5 ou parfois 3 chez les adultes). Folioles à limbe étroitement ovale, 5-12 x 2-5 cm, parcheminé sur le sec, glabre sur la face supérieure, couvert d'un tomentum gris clair dessous ; nervures orange ou jaunâtres. Fleurs blanches, de 1,3 cm de diamètre environ. Sépales 5, ± imbriqués, couverts d'un tomentum jaunâtre, longs de 4-5 mm. Pétales 4 (rarement 5), longs de 5-7 mm. Disque unilatéral, bilabié, orange à l'anthèse, devenant rouge foncé puis noir. Fleurs mâles à 6 (-7) étamines longues de 1,3 cm, recourbées dans le bouton, à anthères bleuâtres ; pistillode long de 1 mm. Fleurs femelles à 6 (-7) staminodes longs de 3-4 mm, droits dans le bouton floral et ovaire long de 3 mm ; style long de 1 cm environ, recourbé dans le bouton. Capsule surmontée du style ± persistant, longue de 1,5 cm. Graines de 3-4 mm de diamètre, sans arillode. Une des 3 loges du fruit parfois avortée, et fruit alors dissymétrique, tordu, le style se trouvant déplacé latéralement vers la base. Sur certains arbres presque tous les fruits peuvent être ainsi modifiés. (Pl. 4, 8-11).

Nom vernaculaire : Bois de Judas (R., M.).

La Réunion, Maurice. Endémique. Cette espèce plutôt xérophile est encore assez commune par endroits à La Réunion (La Montagne, Cirques de Mafate et de Cilaos) et, à Maurice (Magenta, Chamarel).

Elle croît surtout dans les régions sous le vent, à basse et moyenne altitudes. A Maurice, elle se trouve également dans des stations dont le sol est une cuirasse latéritique (Mare Longue, Pétrin) où elle prend la forme d'un arbrisseau à feuilles coriaces qui parfois ne dépasse pas 1 m de hauteur. Floraison de mars à juin.

D'après Cordemoy, c'est un bois de construction ; Rivals note aussi que le bois est roux, très dense, et de bonne qualité.

5. HORNEA Baker

F.M.S. : 59 (1877)

Arbres à feuilles composées-paripennées. Inflorescences axillaires et terminales. Fleurs unisexuées par avortement. Sépales 5, imbriqués, inégaux, arrondis, les 3 externes plus petits que les 2 internes, couverts d'une pubescence fauve, soyeuse, sur la face externe. Pétales 5, à marges ciliées, pubescents à l'extérieur, glabres à l'intérieur, munis à la base, sur la face interne, de 2 écailles pileuses. Disque régulier, pubescent. Fleurs mâles à 18-20 (-24) étamines, à filets pliés dans le bouton ; pistillode très réduit. Fleurs femelles à 18-20 (-24) staminodes ; ovaire à 2 loges (parfois 3), pubescent ; style simple, court ; 1 ovule axile par loge. Fruit, une capsule samaroïde, biloculaire, à 2 larges ailes. Graines sans arillode, exalbuminées ; cotylédons pliés ; radicule logée dans une poche du tégument séminal.

Genre endémique de Maurice avec 1 seule espèce, affine du genre *Atalaya* d'Australie.

H. mauritiana Bojer ex Baker, F.M.S. : 59 ; R.E. Vaughan, Maur. Inst. Bull. 1 : 23 (1937). Type : Maurice, *Bojer* s.n. (K, holo. !)
— ? *Thouinia mauritiana* Bojer, H.M. : 56, *nom. nud.*

Pl. 2. — **Hornea mauritiana** : **1**, feuille et inflorescence partielle x 2/3 ; **2**, fleur mâle x 3/2 ; **3**, fleur femelle x 3/2 ; **4**, pétale x 2 ; **5**, fruits x 2/3. — **Stadmania oppositifolia** : **6**, feuille et inflorescence x 2/3 ; **7**, fleur femelle x 8 ; **8**, fleur mâle x 8 ; **9**, fruits x 1/2. (**1-2** et **4**, *Edgerley* MAU 12528 ; **3**, d'après photo ; **5**, *Friedmann* et *Lorence* 2721 ; **6-8**, *Friedmann* 2722 (P) ; **9**, *Vaughan* MAU 11314).

Arbre monoïque, pouvant atteindre 20 m et plus de hauteur, à écorce lisse, grisâtre. Rameaux ultimes épais, de 1 cm de diamètre environ. Feuilles généralement à 4 folioles opposées, à rachis court, terminé par un ergot effilé, ± persistant ; les feuilles sont souvent plus larges que longues à cause de la faible longueur du rachis, par ex. : longueur totale avec le pétiole : 12 cm, largeur, folioles étalées : 20 cm, le rachis (avec le pétiole) long de 3 cm. Folioles entières, pratiquement glabres (rares poils simples, couchés, sur la face inférieure), ovales-allongées, à base fortement dissymétrique, 5-15 x 2-7 cm, de petites glandes, longues d'environ 20 microns, situées dans des dépressions allongées, longues de 40-50 microns, éparses sur la face inférieure du limbe, le long de la nervure médiane. Feuilles des plantules d'abord simples, pouvant atteindre 30 cm de longueur sur des pieds de 3-4 ans. Inflorescences groupées en panicules terminales pouvant être très volumineuses et atteindre 30 cm de longueur, couvertes d'une pubescence fauve. Après la fructification, l'axe inflorescentiel meurt et la croissance reprend sous forme d'une pousse feuillée qui se développe à sa base. Fleurs blanches, de 2 cm de diamètre environ. Sépales longs de 4-7 mm. Pétales longs de 1 cm environ, insérés autour du disque, celui-ci de couleur verdâtre (fauve sur le sec). Fleurs mâles à 18-20 (-24) étamines introrses, déhiscentes dans le bouton, longues de 0,8-1 cm ; pistillode blanchâtre, long de 1-2 mm. Fleurs femelles à 18-20 (-24) staminodes longs de 5-7 mm, à anthères roses, indéhiscentes ; ovaire biloculaire (rarement triloculaire), long de 3 mm, pubescent, vert olive ; style long de 2 mm, à 2 lignes stigmatiques. Pédicelles des fleurs femelles plus épais que ceux des fleurs mâles, celles-ci très caduques après l'anthèse. Fruit samaroïde, à 2 loges ailées (rarement 3 ou bien la troisième plus petite), longues de 4-5 cm, couvertes d'un indument fauve à reflets dorés. Graines globuleuses, noires, d'environ 6 mm de diamètre. A la germination, les cotylédons se déploient au sommet d'un hypocotyle d'environ 5 cm de longueur. (Pl. 2, 1-5).

Noms vernaculaires : Arbre à l'huile ; Arbre papillons.

Maurice. Endémique. Ce bel arbre est devenu rare de nos jours. Il pousse surtout dans la moitié Ouest de l'île : sur les contreforts des Trois Mamelles où il y a une petite population, à Chamarel, etc. On trouve aussi des individus isolés sur les crêtes des Montagnes Bambous. Par endroits la régénération se fait bien et on trouve en sous-bois des plantules abondantes et des individus à tous les stades de croissance. Non dépourvu de valeur ornementale par son port, ses inflorescences et ses fruits, il a été mis en culture, depuis une vingtaine d'années par le Service des Forêts de Maurice. Au Jardin des Pamplemousses, on peut voir un exemplaire devant le château de Montplaisir. Floraison en avril-mai.

6. MOLINAEA Comm. ex Juss.

Gen. Pl. : 248 (1789)

Arbustes ou arbres monoïques, à feuilles alternes composées-paripennées, à 2-8 folioles, ayant souvent une domatie dans l'angle des nervures secondaires, sur la face inférieure. Inflorescences paniculiformes ou racémiformes, axillaires. Fleurs unisexuées, actinomorphes. Sépales 5-6, imbriqués, inégaux. Pétales 4-6, ± velus, à bords involutés, ciliés. Disque épais, circulaire, ± lobé, pubescent. Fleurs mâles à 8 étamines, insérées à l'intérieur du disque ; filets très pubescents ; ovaire réduit à un pistillode. Fleurs femelles à 8 staminodes ressemblant à des étamines normales mais dont les anthères sont indéhiscentes ; ovaire à 3 carpelles subailés ; style court, épais, portant 3 lignes stigmatiques longitudinales ; loges à 1 ovule axile ascendant. Fruit, une capsule triloculaire, trigone, à déhiscence loculicide, parfois biloculaire par suite de l'avortement d'une loge. Graines noires, brillantes, entourées dans leur moitié inférieure d'un arillode blanc ou jaune, d'aspect cireux ; embryon à cotylédons plan-convexes, ne se séparant pas à la germination.

Genre comprenant 8 espèces dont 5 à Madagascar et 3 aux Mascareignes (aucune à Rodrigues).

1. Inflorescences pendantes : fleurs roses. **1. M. macrantha**
— Inflorescences ± dressées ; fleurs blanches. **2**

2. Axes des inflorescences pubescents, de 2-3 mm d'épaisseur ; fleurs de 6-10 mm de diamètre. **2. M. alternifolia**
— Axes des inflorescences glabres, grêles, de moins de 2 mm d'épaisseur ; fleurs de 4-5 mm de diamètre. **3. M. laevis**

1. M. macrantha Radlk., Sitz. Bayer. Akad. 9 : 650 (1879) ; R.E. Vaughan, Maur. Inst. Bull. 1 : 23 (1937). Type : Maurice, *Riche* (G, non retrouvé)

Arbuste haut de 3-4 m, ne devenant jamais un arbre. Feuilles peu abondantes, groupées à l'extrémité des rameaux. Folioles 2-4 (-6), cartacées, à nervation saillante sur la face inférieure, (5-) 10-18 x (2-) 4-8 cm, de forme très asymétrique, portant des domaties ± circulaires, de 0,1-0,2 mm de diamètre, à l'angle des nervures secondaires. Inflorescences en grappes simples ou parfois ramifiées à la base, pendantes, longues de 10-15 cm, à 20-30 fleurs. Sépales d'un rose soutenu et pétales rose pâle. Fleurs femelles larges de 1 cm environ, à 6 sépales pubescents, inégaux (les 2 externes plus petits), longs de 4-5 mm ; pétales (5-) 6, longs de 5 mm environ, velus à la base, à bords involutés ; disque pubescent ; staminodes 8, longs de 5-6 mm, à filet velu et anthère hirsute, indéhiscente ; ovaire pubescent, long de 5 mm, se développant rapidement en fruit. Fleurs mâles à périanthe identique à celui des fleurs femelles mais un peu plus petit, restant en coupe à l'anthèse ; sépales 6 ; pétales (5-) 6, longs de 3-4 mm, un ou deux pétales non involutés faisant transition avec les sépales ; disque pubescent ; étamines 8, longues de 4-6 mm, à filet très pubescent et anthère hirsute, déhiscente ; pistillode long de 1 mm, pubescent. Fruit long de 2 cm environ. Graines noires, luisantes, comprimées latéralement ; arillode jaune. (Pl. 3, 9).

Maurice. Endémique. Espèce rare, croissant dans les fourrés arbustifs des régions humides, à Plaine Champagne, Pétrin, Mare Longue, Bel Ombre. Ses longues grappes de fleurs roses lui donnent un certain intérêt ornemental et elle mériterait d'être mise en culture. Sa floraison est plus régulière que celle des autres *Molinaea*. Floraison de janvier à mars.

2. M. alternifolia Willd., Sp. Pl. 2 : 329 (1799), référence à Lam., Illust. 2, t. 305, fig. 2 (1793). Type : Maurice, *Stadman* (P-LA, lecto !)
— *M. arborea* J.F. Gmel., Syst. Nat. 1 : 611 (1791), *pro parte* ? ; Radlk., Sitz. Bayer. Akad. 9 : 537 (1879) ; R.E. Vaughan, Maur. Inst. Bull. 1 : 23 (1937), *nom. confus.*
— *Cupania alternifolia* (Willd.) Pers., Syn. Pl. 1 : 413 (1805) ; Bojer, H.M. : 56
— *C. venulosa* auct. non DC. : Bojer, H.M. : 56 ; Cordem., F.R. : 380
— *C. laevis* auct. non (Willd.) Pers. : Baker, F.M.S. : 58 ; Cordem., F.R. : 380

Arbuste ou arbre monoïque atteignant 15 m de hauteur et à tronc atteignant 0,50 m de diamètre, à écorce lisse. Feuilles à 6-8 folioles, de 3-15 x 1,5-5 cm, ovales ou étroitement ovales (parfois seulement à 4 folioles sur les plantes peu vigoureuses et jusqu'à 10 folioles sur les plantes juvéniles), portant une domatie large de 0,2-0,4 mm à l'angle des nervures secondaires ; pétiolules renflés à leur insertion sur le rachis principal. Inflorescences paniculiformes, longues de 5-15 cm, dressées, couvertes d'une courte pubescence fauve. Fleurs blanches, parfois les filets des étamines et l'extrémité des pétales roses. Fleurs femelles à 5(-6) sépales persistants, longs de 3-5 mm, étalés à l'anthèse, pubescents ; pétales (4-) 5, très caducs, longs de 4-5 mm, à marges involutées, velus sur leur moitié inférieure ; disque pubescent ; staminodes 8, longs d'environ 4 mm, très caducs dès l'anthèse, à anthère rose, non déhiscente ; ovaire pubescent, trigone, long de 4-5 mm, grandissant rapidement dès l'anthèse. Fleurs mâles caduques après l'anthèse et tombant d'une pièce ; sépales 5(-6), longs de 3-4 mm, restant en coupe à l'anthèse ; pétales 4-5, longs de 3-4 mm ; étamines longues de 5-6 mm, à filet très pubescent, à anthère jaune, déhiscente ; pistillode long de 1,5 mm. Fruit long de 1,5 cm environ ; calice persistant à la base. Sur certains échantillons, jusqu'à 30 % de fruits sont biloculaires par avortement précoce d'une des loges dont on ne voit plus trace. Graines obovales, longues de 8-9 mm, à demi recouvertes d'un arillode blanc cireux. (Pl. 3, 1-6).

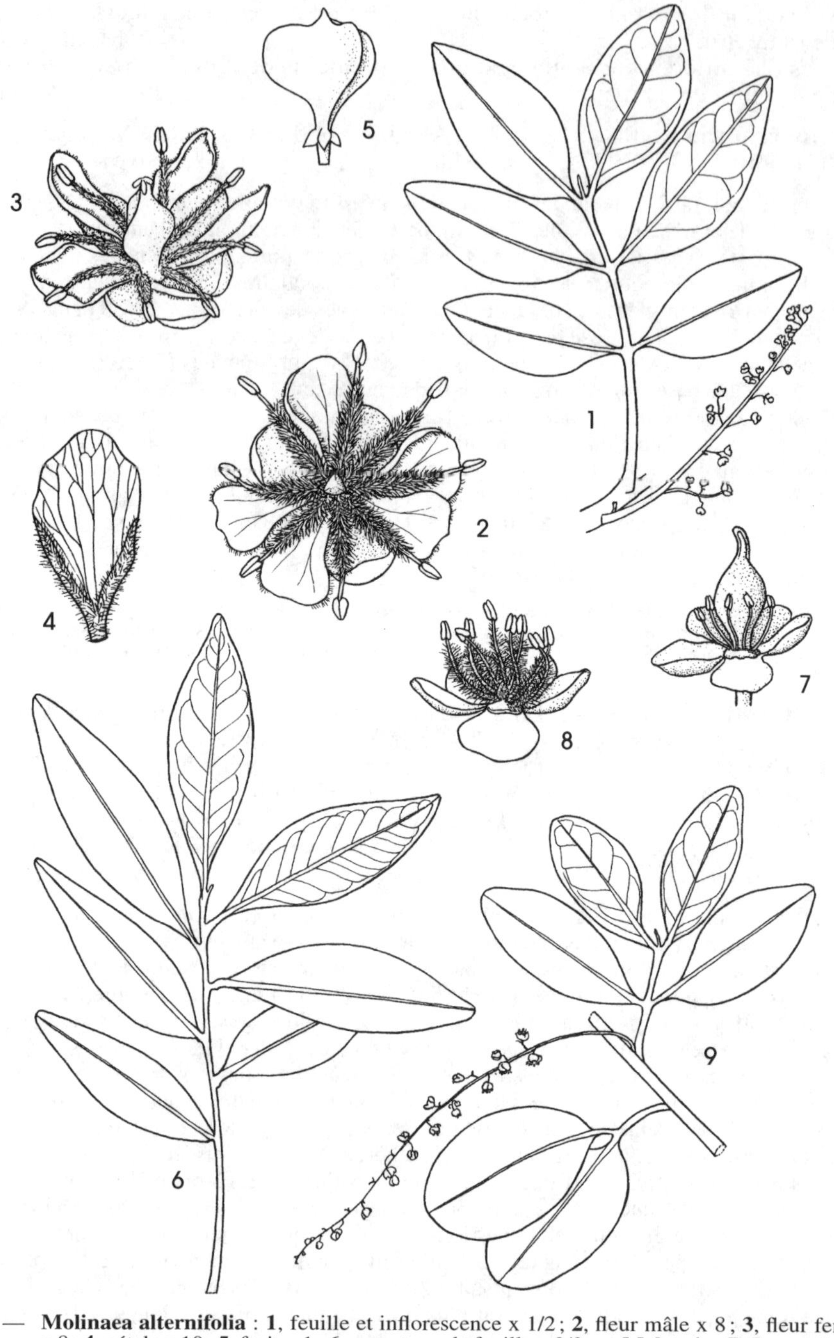

Pl. 3 — **Molinaea alternifolia** : **1**, feuille et inflorescence x 1/2 ; **2**, fleur mâle x 8 ; **3**, fleur femelle x 8 ; **4**, pétale x 10 ; **5**, fruit x 1 ; **6**, autre type de feuille x 2/3. — **M. laevis** : **7**, fleur mâle x 8 ; **8**, fleur femelle x 8. — **M. macrantha** : **9**, rameau fleuri x 1/3. (**1-2** et **4**, *Cadet* 4519 ; **3**, d'après photo ; **5**, *Cadet* 3453 ; **6**, *Friedmann* 1751 ; **7-8**, *Friedmann* 3048 ; **9**, *Friedmann* 2651 (P)).

Noms vernaculaires : Tan Georges, Bois de gaulettes blanc (R.) ; Bois de gaulettes, Bois de sagaie blanc (M.).

La Réunion, Maurice. Endémique. Cette espèce est assez fréquente dans les 2 îles, depuis les basses altitudes jusqu'à 2000 m (R.). Les plus beaux exemplaires se trouvent en forêt de Saint Philippe (R.) et de Macabé (M.). L'espèce a une amplitude écologique assez importante à La Réunion puisqu'elle se trouve, d'une part, dans les régions perhumides de moyenne altitude (Bébour, Tacamaca, pluviosité de 4000 à 8000 mm/an) et d'autre part dans des biotopes beaucoup plus secs à basse altitude (escarpement dominant la Ravine de la Grande Chaloupe, pluviosité d'environ 1500 mm/an). Il est probable que des écotypes se soient différenciés. Les différences morphologiques que l'on constate (port des arbres, forme et nervation des folioles, inflorescences diffuses ou contractées) ne sont pas assez nettes pour permettre une séparation taxonomique formelle. A Maurice, on trouve aussi *M. alternifolia* sous forme d'un arbrisseau ayant parfois moins de 1 m de hauteur, à folioles en moyenne plus petites (longues de 3-5 cm) arrondies au sommet et extrêmement coriaces, dans les fourrés de Pétrin ou de Mare Longue, sur cuirasse latéritique. Comme il y a une transition graduelle entre ces fourrés et la forêt de type Macabé et que beaucoup d'espèces qui s'y trouvent subissent les mêmes modifications, on peut penser qu'il s'agit là d'un accomodat à des conditions édaphiques particulières. Floraison en août aux altitudes élevées (1500 m, R.) et d'octobre à décembre à basse altitude, irrégulière, ne se produisant pas tous les ans.

Excellent bois de construction d'après Cordemoy.

3. M. laevis Willd., Sp. Pl. 2 : 329 (1799), référence à Lam., Illust. 2 : t. 305, fig. 1 (1793). Type : Maurice, *Stadman* ? (P-LA, lecto !)
— *M. arborea* J.F. Gmel., Syst. Nat. 1 : 611 (1791), *pro parte* ?, *nom. conf.*
— *Gelonium cupanioides* Gaertn., Fruct. 2 : 272 (1791), *nom. dub.* Type : Supposé être des Mascareignes, non retrouvé
— *Molinaea cupanioides* (Gaertn.) Radlk., Sitz. Bayer. Akad. 9 : 537 (1879) ; R.E. Vaughan, Maur. Inst. Bull. 1 : 23 (1937)
— *Cupania laevis* (Willd.) Pers., Syn. Pl. 1 : 413 (1805) ; Bojer, H.M. : 56
— *C. venulosa* DC., Prodr. 1 : 613 (1824) ; Baker, F.M.S. : 58. Type : Maurice ? (G-DC, holo !)

Arbuste monoïque atteignant 4-5 m de hauteur. Feuilles à 2-6 folioles obtuses ou émarginées, glabres, 4-11 x 1,5-5 cm, ayant une domatie circulaire ou elliptique de 0,1-0,5 mm de diamètre, pileuse à l'intérieur, à l'angle des nervures secondaires. Inflorescences en panicules étroites, atteignant 20 cm de longueur, à 30-50 fleurs ; pédoncules grêles, glabres. Fleurs femelles de 4 mm de diamètre environ ; sépales 5, glabres, (marges un peu ciliées et portant parfois de rares soies sur la face externe), longs de 2-3 mm, persistants, étalés à maturité ; pétales 5, blancs, longs de 2 mm, velus, à marges involutées ; disque pubescent ; staminodes 8, longs de 2 mm ; ovaire long de 2,5 mm, glabre (quelques poils raides sur les angles). Fleurs mâles légèrement plus petites que les fleurs femelles, le périanthe ne s'étalant pas à l'anthèse ; sépales longs de 2-3 mm ; pétales longs de 1,5-2 mm ; disque pubescent ; étamines 8, longues de 4 mm, à filet très pubescent ; pistillode long de 0,5 mm. Fruit et graines identiques à ceux de *M. alternifolia* ; fruit long de 1-1,5 cm. (Pl. 3, 7-8).

Maurice. Endémique. Espèce assez rare, difficile, sans les fleurs, à distinguer de *M. alternifolia*. Quelques caractères végétatifs distinctifs de l'espèce sont : le port arbustif, les folioles à nervure principale plus large (jusqu'à 2 mm) et plus apparente. Par son écologie, elle est aussi nettement distincte puisque plus xérophile. On la trouve par exemple dans des forêts sèches comme Yemen et Magenta, où *M. alternifolia* n'existe pas.

7. SAPINDUS L.

Sp. Pl. : 367 (1753) ; Gen. Pl. ed. 5 : 171, n° 448 (1754)

Arbres à feuilles paripennées, glabres ou tomenteuses. Inflorescences terminales, paniculiformes. Fleurs unisexuées, à 5 sépales glabres ou tomenteux-soyeux, imbriqués ; en général 5 pétales ± pubescents, à bords involutés ou munis de petites écailles pileuses près de la base ; disque régulier, pubescent ; 8 (-9) étamines ou 8 (-9) staminodes ; ovaire à 3 carpelles, 1 ovule par loge, ascendant, ou un pistillode. Fruit bacciforme, à 3, 2 ou 1 méricarpes globuleux, charnus. Présence de saponine dans l'enveloppe des fruits. Graines dures, sans arillode, noires, brillantes.

Genre comprenant 13 espèces des régions tropicales, dont une, *S. trifoliatus*, est cultivée à Maurice et est naturalisée à Rodrigues ; une forme de *S. saponaria* est cultivée.

— Fleurs d'environ 4-5 mm de diamètre ; sépales pubescents ; folioles arrondies. **1. S. trifoliatus**
— Fleurs d'environ 2-3 mm de diamètre ; sépales glabres ; folioles aiguës. **2. S. saponaria** f. **inaequalis**

1. S. trifoliatus L., Sp. Pl. : 367 (1753) ; Balf. f., B. Ro. : 335 ; R.E. Vaughan, Maur. Inst. Bull. 1 : 24 (1937). Type de l'Inde
— *S. emarginatus* Vahl, Symb. Bot. 3 : 54 (1794) ; Bojer, H.M. : 55 ; Baker, F.M.S. : 59. Type de l'Inde

Arbre à feuilles longues de 10-30 cm, à 4-6 folioles étroitement elliptiques-arrondies et souvent émarginées au sommet, longues de 5-15 cm (les plus longues sur les plantes juvéniles), glabres dessus, tomenteuses-veloutées dessous (ce caractère peut disparaître sur les feuilles âgées) ; sous les inflorescences les feuilles sont modifiées et n'ont plus que 2-3 folioles. Fleurs très nombreuses, en panicules longues de 10-15 cm ; sépales 5, pubescents-soyeux, longs de 3 mm ; pétales 5, velus, longs de 4 mm, à bords involutés ; disque à cinq lobes. Fleurs mâles à 8-9 étamines longues de 4 mm, à filet pubescent ; pistillode long de 1,5 mm, à style très réduit. Fleurs femelles à ovaire à 3 carpelles ± libres, longs de 2 mm, très pubescents ; style simple, long de 1 mm, à 3 stigmates ; staminodes 8-9, longs de 2 mm. Fruit à 1-3 méricarpes charnus, d'environ 1,5 cm de diamètre, tomenteux. Graines globuleuses.

Noms vernaculaires : Bois savon (Ro.) ; Savonnier (M.).

Espèce naturalisée à Rodrigues entre Port Mathurin et Pointe Vénus ; la station est déjà citée par Balfour ; occasionnellement cultivée à Maurice dans des jardins ou plantée en bord de routes, dans les régions sèches.

2. S. saponaria L. f. **inaequalis** (DC.) Radlk., Field Columbian Mus., Bot. 1, 4 : 402 (1898). Type du Mexique
— *S. saponaria* auct. non L. : Bojer, H.M. : 55
— *S. rigidus* Mill., Gard. Dict. ed. 7 (1759) ; Cordem., F.R. : 378. Type du Mexique

Cet arbre se distingue du précédent, en plus des caractères utilisés dans la clé, par ses folioles falciformes longuement atténuées en pointe, glabres dessus, faiblement pubescentes dessous (surtout sur les feuilles jeunes), par son fruit glabre, souvent réduit à un seul méricarpe. Cultivé autrefois pour son fruit contenant de la saponine. « Les fruits et les graines renferment un principe amer qui fait mousser l'eau et la rend propre à lessiver le linge. Mais cette lessive est âcre et détériore rapidement le tissu. Aussi n'est-elle plus utilisée à La Réunion » (Cordemoy, F.R. : 379).

Nom vernaculaire : Savonnier (R., d'après Cordemoy).

Quelques exemplaires existent encore à Saint Denis (Boulevard de la Providence près de la Ravine du Chaudron). A Maurice, la plante est encore parfois cultivée en bordure de route ou trouvée à l'état subspontané en certains endroits.

8. EUPHORIA Comm. ex. Juss.
Gen. Pl. : 247 (1789)

Radlk., in Engl. Pflanzenr. 98, IV, 165 : 894 (1932) ; Leenhouts, Blumea 19 : 113 (1971) « *Dimocarpus* ».

Arbres à feuilles paripennées. Folioles 6-12, à indument de poils stellés (en touffe), dense sur les ébauches foliaires puis ± glabrescentes. Inflorescences en panicules axillaires et terminales, monoïques. Fleurs régulières, unisexuées. Calice à 5 lobes imbriqués dans le bouton floral, pubescents. Pétales 0-5. Disque entier, pubescent. Fleurs mâles à 8 étamines et pistillode. Fleurs femelles à 8 staminodes et ovaire à 2 (-3) carpelles couverts de nombreux petits tubercules ; style divisé en 2 (-3) branches stigmatiques ± recourbées ; ovule 1 par loge, inséré dans l'angle basal interne des carpelles. Fruit bacciforme, souvent à 1 seul méricarpe par avortement, à péricarpe crustacé lisse, réticulé ou tuberculé. Graine à arillode charnu.

Genre d'environ 5 espèces d'Indo-Malaisie et du Sud de la Chine, dont une cultivée aux Mascareignes et parfois subspontanée.

La description du genre *Euphoria* par Jussieu peut convenir au « Longani » (en particulier le caractère « fleurs à 5 pétales »). Comme espèces appartenant à ce genre, Jussieu cite les noms vernaculaires « Lit-chi » et « Lon-gan » (sic., op. cit. : 248 (1789)) mais ne fait pas référence au genre *Litchi* Sonn. (1782), la légitimité nomenclaturale de *Euphoria* n'est donc pas affectée. Radlkofer (op. cit. : 894 (1932)) en exclut la citation du « Litchi » et considère le nom comme légitime. La lectotypification de *Dimocarpus* Lour. (1790), genre hétérogène à l'origine, (Leenhouts, Blumea 19 : 115 (1971)), par l'élément représentant ce qui est appelé ici *Euphoria* était donc superflue.

E. longan (Lour.) Steud., Nom. : 328 (1821) ; Merrill, Comment. Lour. : 248 (1935).
Type de Cochinchine (perdu) ; Néotype de Taïwan
— *Dimocarpus longan* Lour., Fl. Cochinch. : 233 (1790)
— *Euphoria longana* Lam., Encycl. 3 : 574 (1792) ; Bojer, H.M. : 56 ; Cordem., F.R. : 379 ; Radlk., op. cit. : 898 (1932) ; R.E. Vaughan, Maur. Inst. Bull. 1 : 23 (1937) ; Rivals, Esp. Fruit. Introd. Réunion : 31 (1960). Type : Maurice, *Sonnerat* (?) 309 (P-LA, lecto), *nom. illegit.*

Arbre atteignant environ 15 m de hauteur. Feuilles longues de 10-30 cm, à 6-10 (-14) folioles. Limbe étroitement elliptique ou obovale, arrondi, obtus ou courtement acuminé au sommet, cunéiforme à la base, de 4-15 (-17) x 1,8-4 (-6) cm, coriace, à nervation très apparente sur les 2 faces, pratiquement glabre à l'état adulte (rares poils stellés à la face inférieure). Panicules mixtes, tomenteuses, terminales. Fleurs de 5-6 mm de diamètre. Lobes du calice longs de ± 3 mm, à indument dense de poils stellés. Pétales blanchâtres, longs de 1,5-2 mm. Disque tomenteux, 5 - lobé (échancré au niveau des pétales). Fleurs mâles à 8 étamines longues de 4-5 mm ; pistillode long de 1 mm. Fleurs femelles à staminodes longs de 2 mm ; pistil long de 2-3 mm. Fruit sphérique, de 1,5-2,5 cm de diamètre, à péricarpe brun clair, lisse, aréolé, à arillode entourant une grosse graine noire, brillante. (Pl. 4, 12).

Noms vernaculaires : Longani, Longanier (R,M.).

Espèce probablement originaire de Chine méridionale, répandue en culture sous les tropiques, introduite aux Mascareignes depuis le 18e siècle (premiers spécimens récoltés par Commerson en 1768-69 et ayant servi à Jussieu pour la description du genre) ; assez commune à basse altitude à La Réunion et à Maurice, devenue subspontanée à La Réunion ; plus rare à Rodrigues. L'arillode est comestible mais moins recherché que celui du Litchi. Selon Cordemoy (F.R. : 379), le bois était utilisé pour la construction.

9. STADMANIA Lam.

Illust. 2 : t. 312 (1793)

Arbres monoïques ou dioïques, à feuilles composées-paripennées. Inflorescences racémiformes, axillaires. Fleurs unisexuées par avortement, régulières. Calice cupuliforme, 5-denté. Pétales présents (Madagascar) ou absents (Mascareignes, etc.). Disque charnu, pubescent. Étamines 8, introrses. Ovaire pubescent, triloculaire ; style entier, court, à 3 stigmates papilleux ; 1 ovule par loge, axile, ascendant, entouré à sa base d'un bourrelet qui se développera en arillode. Fruit résultant du développement d'un seul carpelle (parfois 2), les carpelles avortés restant visibles à la base ; méricarpes contenant 1 graine entourée d'un arillode charnu.

Genre de 6 espèces dont 5 endémiques malgaches et 1 indigène des Mascareignes, de Madagascar et de l'Afrique orientale. Voisin des *Smelophyllum* d'Afrique australe.

S. oppositifolia Poir. in Lam., Encycl. 7 : 376 (1806) ; Illust. 2 : 443 (1819). Type : Maurice, *Stadman* (P-LA, holo. !)
— *S.* sp., Lam., Illust. 2, t. 312 (1793)
— *S. sideroxylon* DC., Prodr. 1 : 615 (1824) ; Bojer, H.M. : 57 ; Baker, F.M.S. : 60 ; R.E. Vaughan, Maur. Inst. Bull. 1 : 24 (1937), *nom. illegit.* basé sur *S. oppositifolia*
— *Nephelium oppositifolium* (Poir.) Cordem., F.R. : 379, *nom. illegit.*, non *N. oppositifolium* (Roxb.) Walpers (1845-46)

Arbre monoïque pouvant atteindre 15 m et plus de hauteur, à branches ± ascendantes, à écorce platanoïde gris beige et feuillage vert jaunâtre. Feuilles alternes, à (6-) 8-10 folioles opposées ou quelque peu décalées, de 7-16 x 3-6 cm ; cicatrices foliaires en relief. Inflorescences racémiformes, parfois ramifiées à la base, dressées, de couleur jaunâtre ou rougeâtre due à la coloration des anthères. Fleurs femelles à calice de 2,5 mm de large, 5-denté, légèrement pubescent ; pétales absents ; disque couvert d'une pubescence fauve ; staminodes 8, longs de 1,5 mm ; ovaire long de 3-4 mm, à paroi épaisse. Fleurs mâles à 8 étamines fertiles, longues de 4 mm ; pistillode long de 1,5 mm, pubescent, sans stigmates. Fruit en général à 1 seul méricarpe globuleux, de 1,2 cm de diamètre, le péricarpe, mince, coriace, se fendant à maturité. Arillode translucide, ressemblant à celui du Longani. (Pl. 2, 6-9).

Noms vernaculaires : Bois de fer (M.) ; Bois de fer de Maurice d'après Cordemoy.

La Réunion ?, Maurice. Aux Mascareignes, de nos jours, cette espèce existe seulement à Maurice où elle est assez rare. Elle pousse dans les forêts moyennement sèches de l'Ouest : Magenta, Mont du Rempart, Chamarel, etc. On peut la trouver aussi en région plus humide, sur des affleurements rocheux, dans la chaîne des Montagnes Bambous et à Montagne des Créoles. Floraison de avril à juin.

D'après Cordemoy elle aurait aussi existé à La Réunion, mais nous n'avons pu la retrouver. D'après la description qu'en donne cet auteur : « autrefois assez commun à La Réunion, dit-on,... il est aujourd'hui devenu rarissime..., Frappier seul en a observé un individu, ayant le port du *Nephelium litchi* » (F.R. : 379), on peut douter que l'espèce ait jamais existé à La Réunion. Les exemplaires que nous avons pu voir à Maurice n'ont pas le port du Litchi et ne sauraient être confondus avec ce dernier. Toujours d'après Cordemoy : « Les fruits fournissaient autrefois une assez bonne gelée dite de Bois de fer ». Dans l'Enclyclopédie (1806), Poiret dit de cette espèce, à Maurice : « On fait avec ses baies, un peu avant leur maturité, d'assez bonnes confitures en gelée ». Cordemoy s'est probablement inspiré du texte de Poiret.

La sous-espèce *oppositifolia*, existe en Afrique de l'Est, à Madagascar et à Maurice ; la sous-espèce *rhodesica* Exell se trouve en Rhodésie du Sud et au Transvaal. A Madagascar, Capuron distingue 2 variétés : var. *grevei* (Dur. et Schinz) Capuron, du S.O. de l'île et la var. *oppositifolia* du N.E., qui est identique aux plantes mauriciennes.

10. DORATOXYLON Thouars ex Benth. et Hook.
Gen. Pl. 1 : 408 (1862)

Arbustes ou arbres dioïques. Feuilles paripennées, plus rarement bifoliolées. Inflorescences cymeuses, en glomérules. Fleurs régulières, unisexuées, à (4-) 5 sépales imbriqués, inégaux ; pétales absents (parfois 1 pièce pétaloïde présente) ; disque ± lobé. Fleurs mâles à 5-6 étamines exsertes ; pistillode très réduit. Fleurs femelles à 5-6 courts staminodes ; ovaire à 2 loges ; style court, à stigmate capité ; 2 ovules par loge, ± collatéraux, pendants, issus de l'angle supérieur, interne, des loges. Fruit drupacé, charnu, contenant le plus souvent 1 seule graine, parfois 2 (dans ce cas 1 dans chaque loge).

Genre de 5 espèces dont 4 endémiques de Madagascar et 1 commune à Madagascar et aux îles Mascareignes : *D. apetalum*. Genre voisin des *Hippobromus* d'Afrique du Sud, dont les fleurs sont munies de pétales et dont l'ovaire est triloculaire.

D. apetalum (Poir.) Radlk. in Durand, Ind. Gen. : 81 (1887). Type : Maurice, *Dupuis* (P, lecto. !)
— *Melicocca apetala* Poir., Encycl. Suppl. 3 : 224 (1813)
— *M. diversifolia* Juss., Mém. Mus. natn. Hist. nat. 3 : 187 (1817) ; Bojer, H.M. : 56. Type : La Réunion, *Commerson* s.n. (P-JU 11410, syns. !)
— *Doratoxylon mauritianum* Thouars ex Baker, F.M.S. : 60 ; R.E. Vaughan, Maur. Inst. Bull. 1 : 23 (1937), *nom. illegit.*
— *Hippobromus apetalus* (Poir.) Cordem., F.R. : 381

Arbustes ou arbres atteignant 15 m de hauteur, à rameaux brun foncé, portant des lenticelles plus claires, souvent abondantes, les parties jeunes couvertes d'une pubescence fauve. Feuilles très variables : les juvéniles à 12-20 folioles, de 0,4-1,5 x 0,2-0,7 cm, parfois fortement lobées, les adultes longues de 5-15 cm, à rachis légèrement ailé, à 2-10 folioles de 3-9 x 1,3-3,5 cm, entières, étroitement elliptiques ou ovales ou ± rhombiques, à sommet arrondi ou émarginé. Inflorescences mâles en glomérules multiflores (50 fleurs et plus), à l'aisselle des feuilles terminales d'un rameau ou sur des rameaux en partie défeuillés. Inflorescences femelles (sur des individus différents) plus petites, pauciflores (10-15 fleurs). Fleurs à 5 sépales longs de 1-3 mm, pubescents, à bords ciliés ; pétales absents (sur certains arbres on trouve jusqu'à 25 % de fleurs ayant 1 pièce pétaloïde, blanche ; il s'agit en fait du sépale le plus interne qui est modifié). Fleurs mâles à étamines insérées à l'intérieur du disque pubescent, longues de 3-4 mm ; pistillode long de 0,5-1 mm. Fleurs femelles à staminodes longs de 2 mm ; ovaire long de 2-3 mm. Fruit drupacé, charnu, ovoïde, long de 1-1,5 cm, bleu noir à maturité. Graines noires, brillantes, à tégument mince, souple.

Noms vernaculaires : Bois de sagaie rouge (M.) ; Bois de gaulettes, Bois de gaulettes rouge (R.).

La Réunion, Maurice. Espèce très répandue tant à La Réunion qu'à Maurice (absente de Rodrigues). Elle existe depuis les zones basses jusqu'à environ 2000 m d'altitude. Cordemoy a distingué à La Réunion 2 variétés d'après les caractères végétatifs et l'écologie. Ces variétés se retrouvent à Maurice.

— Feuilles plurifoliolées (6-8 folioles), à limbe mince, souple, rarement feuilles bifoliolées ; plantes hétérophylles (les feuilles juvéniles ayant jusqu'à 20 folioles), de basse altitude. var. **apetalum**
— Feuilles en majorité bifoliolées, à limbe coriace (peu de feuilles plurifoliolées) ; plantes non hétérophylles, des régions très humides, en altitude. var. **diphyllum**

var. **apetalum**. Plantes hétérophylles poussant à basse altitude dans des régions relativement sèches (par ex. : pluviosité de 1000 mm/an environ, dans la partie aval de la Ravine de la Grande Chaloupe) ; les plantules, pendant 2-3 ans après la germination, ont des folioles petites et nombreuses (jusqu'à 20 par feuille). Certaines plantes ont aussi des folioles pennatifides. Les adultes ont des feuilles à 6-8 folioles, rare-

Pl. 4. — **Doratoxylon apetalum** : **1**, feuille et inflorescence femelle x 2/3 ; **2**, fleur mâle x 8 ; **3**, fleur femelle x 8 ; **4**, fruit x 3/2 : **5**, feuille juvénile à folioles laciniées x 1 ; **6**, feuille juvénile x 1. — var. **diphyllum** : **7**, feuille et inflorescence mâle x 2/3. — **Cossinia pinnata** : **8**, feuille et inflorescence x 1/2 ; **9**, fleur femelle x 5/2 ; **10**, fleur mâle x 5/2 ; **11**, pétale x 3. — **Euphoria longan** : **12**, fleur femelle, 1 pétale et 2 étamines enlevés x 8. (**1-3**, *Bosser* 21089 ; **4**, *Friedmann* 2762 ; **5**, *Friedmann* 1804 ; **6**, *Friedmann* 2623 ; **7**, *Friedmann* 1979 ; **8-9** et **11**, *Boivin* 1374 ; **10**, d'après photo ; **12**, *Commerson* s.n.(P)).

ment des feuilles bifoliolées sur des rameaux défavorisés, à limbe mince, souple et de forme allongée. Ce sont des arbustes très ramifiés, de quelques mètres de hauteur. Dans la forêt de St Philippe (R.) ces plantes sont arborescentes ; la pluviosité élevée de ces régions est compensée par la perméabilité des coulées de basalte relativement récentes et peu altérées. A Maurice on trouve des plantes très hétérophylles sur les basses pentes du Corps de Garde ou vers Baie du Cap. Leurs feuilles sont un peu plus coriaces qu'à La Réunion, comme c'est souvent le cas chez les espèces existant à la fois dans les deux îles. (Pl. 4, 1-6).

var. **diphyllum** (Cordem.) F. Friedmann, *comb. nov.*
— *Hippobromus apetalus* (Poir.) Cordem. var. *diphyllus* Cordem., F.R. : 381 [*diphylla*]. Type : La Réunion, *Cordemoy* s.n. (MARS, holo. !)
— *Melicocca diphylla* Bojer, H.M. : 56, *nom. nud.*

Arbuste croissant en zone perhumide d'altitude (par ex. : Bébour (R.), pluviosité de 4000 mm/an) ; les plantes juvéniles ont des folioles qui atteignent rapidement les dimensions adultes et qui ne dépassent pas le nombre de 6 par feuille. Les adultes ont une proportion importante de feuilles bifoliolées, jusqu'à 80 %, à limbe coriace et de forme plus ovale. A Maurice, ce type de plante se trouve par ex. sur le Mont Cocotte. Par ailleurs il existe une forme particulière de cette variété, dans les fourrés sur cuirasse latéritique, à Plaine Champagne, Pétrin, Mare Longue. Ce sont des arbrisseaux hauts de 0,50-1 m, à feuilles presque toutes bifoliolées et à limbe encore plus épais et plus coriace. Ce sont probablement des accommodats aux conditions édaphiques très défavorables de ces stations. (Pl. 4, 7).

11. LITCHI Sonn.

Voy. Ind. Or. 2 : 230, t. 129 (1782) ; emend. Radlk., Sitz. Bayer. Akad. 20 : 253 (1890) et in Engl., Pflanzenr. 98 IV, 165 : 914 (1932)

Arbres à feuilles paripennées, à indument formé de poils ± médifixes, birameux. Inflorescences axillaires et terminales, en panicules mixtes de fleurs mâles et femelles régulières. Calice cupuliforme, à 4-5 dents valvaires. Pétales absents. Disque présent. Fleurs mâles à 7-8 étamines et pistillode. Fleurs femelles à 2 (-3) carpelles globuleux réunis par le style, celui-ci divisé en 2 (-3) stigmates ; un ovule par loge ; staminodes présents. Fruit le plus souvent formé de 1 méricarpe bacciforme, parfois 2. Arillode charnu enveloppant la graine mais non soudé à elle sauf au niveau du hile. Embryon à gros cotylédons plan-convexes et à radicule très petite.

Genre comprenant une seule espèce, *Litchi chinensis*, dont les variétés cultivées fournissent un des meilleurs fruits tropicaux ; communément cultivée aux Mascareignes.

La description du genre *Litchi* par Sonnerat est en partie erronée (elle mentionne la présence de 5 pétales). Elle a été amendée par Radlkofer pour la rendre conforme aux caractères observés sur les spécimens fleuris.

L. chinensis Sonn., loc. cit. (1782). Radlk., op. cit. : 917 (1932) ; R.E. Vaughan, Maur. Inst. Bull. 1 : 23 (1937) ; Leenhouts, Blumea 24 : 398 (1978). Type : Chine (?), *Sonnerat* 1062 (G - DEL)
— *Euphoria punicea* Lam., Encycl. 3 : 573 (1792). Type : Chine (?), *Sonnerat* s.n. (P-LA, holo)
— *Corvinia litschi* Stadman ex Willemet in Usteri, Ann. Bot. 18 : 28 (1796). Type de l'île Maurice (Jardin des Pamplemousses)
— *Nephelium litchi* Cambess., Mém. Mus. natn. Hist. nat. Paris 18 : 30 (1828) ; Cordem., F.R. : 380 [*N. litchi* Walp.] ; Rivals, Esp. Fruit. Introd. Réunion : 28 (1960)

Arbre atteignant 20 m et plus de hauteur et tronc atteignant 1,50 m de diamètre, à couronne abondamment ramifiée et feuillée. Feuilles à 4-8 folioles étroitement elliptiques ou obovales, cunéiformes à la base, acuminées au sommet, de 10-18 x 2,5-6 cm, vert foncé dessus, plus pâles, glauques, dessous, pratiquement glabres à maturité (rares poils médifixes apprimés, orientés dans le sens de la longueur, sur la nervure médiane, la face inférieure et sur le rachis). Panicules terminales, longues de 15-30 cm. Fleurs très petites, longues de ± 3 mm. Fruit ovoïde ou subglobuleux, long de 3-4 cm, à péricarpe mince, coriace, couvert de tubercules ± pyramidaux, rouge carmin à maturité, à arillode juteux, blanchâtre.

Noms vernaculaires : Letchi (R., M.) ; autres noms communs : Litchi, Litchi ponceau, Lychee.

Arbre fruitier originaire de la Chine méridionale, répandu en culture dans d'autres pays tropicaux à climat humide mais à saisons contrastées, largement cultivé à La Réunion et à Maurice. Fruits en décembre-janvier.

Selon Lamarck (loc. cit. 1792) le « Litchi ponceau » fut introduit à l'île Maurice par Poivre. Il est possible que les plants aient été rapportés de Canton par l'abbé Galloys en 1769 (cf. Rouillard et Guého, Le Jardin des Pamplemousses, Histoire et Botanique : 23 (1983)).

Radlkofer (op. cit. : 919, 1932) se demande si le spécimen type (*Sonnerat* 1062) ne proviendrait pas en réalité d'une plante cultivée à Maurice : « Il y a en effet dans l'herbier Delessert un deuxième spécimen provenant du Jardin de l'île Maurice (= Pamplemousses), envoyé, semble-t-il, par le directeur du jardin, Céré, à Lemonnier en septembre 1779, avec une brève description et la note suivante : « J'ai prêté cette courte description à M. de Sonnerat et un fruit conservé à l'eau et à l'esprit de vin et il a dessiné le tout, je lui ai aussi donné branches et fleurs desséchées ».

D'après Cordemoy, l'espèce donne aussi un bois apprécié en ébénisterie et en menuiserie.

76. SAPINDACÉES

INDEX DES NOMS SCIENTIFIQUES

Les synonymes sont en italique. Les nombres gras indiquent les pages des illustrations.

Alectryon ferrugineus (Blume) Radlk. 2.
Allophylus L. 6.
— borbonicus (J.F. Gmel.) F. Friedmann **4**, 6.
— *cobbe* auct. 6.
— *cobbe* race *borbonicus* Capuron 6.
— commersonii Blume 7.
— *integrifolius* (Willd.) Blume 6.
— *integrifolius* auct. 7.
— sp. 6.
Atalaya Blume 8.
Blighia sapida Koenig 2.
Cardiospermum L. 5.
— corindum L. 5.
— *halicacabum* auct. 5.
— halicacabum L. var. microcarpum (Kunth) Blume **4**, 5.
— *microcarpum* Kunth 5.
Corvinia litschi Stadman ex Willemet 19.
Cossinia Comm. ex Lam. 7.
— *borbonica* DC. 8.
— pinnata Comm. ex Lam. 8, **18**.
— *triphylla* Comm. ex Lam. 8.
Cupania alternifolia (Willd.) Pers. 11.
— *laevis* (Willd.) Pers. 13.
— *laevis* auct. 11.
— *venulosa* DC. 13.
— *venulosa* auct. 11.
Dimocarpus Lour. 15.
— *longan* Lour. 15.
Dodonaea Mill. 3.
— *angustifolia* L.f. 3.
— *microcarpa* DC. 3.
— *salicifolia* DC. 3.
— viscosa (L.) Jacq. 3, **4**.
Doratoxylon Thouars ex Benth. et Hook. 17.
— apetalum (Poir.) Radlk. 17, **18**.
— " var. apetalum 17.
— " " diphyllum (Cordem.) F. Friedmann **18**, 19.
— *mauritianum* Thouars ex Baker 17.
Euphoria Comm. ex Juss. 15.
— longan (Lour.) Steud. 1, 15, **18**.
— *longana* Lam. 15.
— *nephelium* DC. 1.
— *punicea* Lam. 19.
Filicium decipiens (Wight et Arn.) Thwaites ex Hook. f. 2.
Gelonium cupanioides Gaertn. 13.
Hippobromus Eckl. et Zeyh. 17.
— *apetalus* (Poir.) Cordem. 17.
— *apetalus* var. *diphyllus* Cordem. 19.

76. SAPINDACÉES

Hornea Baker 8.
— mauritiana Bojer ex Baker 8, **9**.
Litchi Sonn. 19.
— chinensis Sonn. 1, 19.
Majidea zanguebarica Kirk. 2.
Melicocca apetala Poir. 17.
— *diphylla* Bojer 19.
— *diversifolia* Juss. 17.
Molinaea Comm. ex Juss. 10.
— alternifolia Willd. 11, **12**.
— *arborea* J.F. Gmel. 11, 13.
— *cupanioides* (Gaertn.) Radlk. 13.
— laevis Willd. **12**, 13.
— macrantha Radlk. 11, **12**.
Nephelium lappaceum L. 1.
— *litchi* Cambess. 19.
— mutabile Blume 2.
— *oppositifolium* (Poir.) Cordem. 16.
Ornitrophe Comm. ex Juss. 6.
— *borbonica* J.F. Gmel. 6.
— *integrifolia* Willd. 6.
Ptelea viscosa L. 3.
Sapindus L. 13.
— *emarginatus* Vahl 14.
— *rigidus* Mill. 14.
— *saponaria* auct. 14.
— saponaria L. f. inaequalis (DC.) Radlk. 14.
— trifoliatus L. 14.
Schleichera oleosa (Lour.) Oken 2.
Schmidelia L. 6.
— *integrifolia* (Willd.) DC. 6.
— *racemosa* auct. 6.
— " var. *integrifolia* (Willd.) Baker 6.
Smelophyllum Radlk. 16.
Stadmania Lam. 16.
— oppositifolia Poir. **9**, 16.
— " subsp. oppositifolia 16.
— " " " var. oppositifolia 16.
— " " " " grevei (Dur. et Schinz) Capuron 16.
— " subsp. rhodesica Exell 16.
— *sideroxylon* DC. 16.
— sp. 16.
Thouinia mauritiana Bojer 8.

76. SAPINDACÉES

NOMS VERNACULAIRES

Akee 2.
Arbre à huile 10.
— papillons 10.
Bois d'aulne 3.
— de fer 16.
— " " de Maurice 16.
— " gaulettes 13, 17.
— " " blanc 13.
— " " rouge 17.
— " Judas 8.
— " merles 7.
— " reinette 3.
— " sagaie blanc 13.
— " " rouge 17.
— gournable 3.
— savon 14.
— trois feuilles 7.
Bonnet de prêtre 5.
Letchi 20.
Litchi 1, 20.
— ponceau 20.
Longani 1, 15.
Longanier 15.
Lychee 20.
Poc-poc 5.
— liane 5.
Ramboutan 1.
Savonnier 14.
Tan Georges 13.

FLORE DES MASCAREIGNES

77. ANACARDIACÉES

par F. Friedmann*

Arbres ou arbustes à feuilles alternes, simples, trifoliolées ou imparipennées, non stipulées. Inflorescences multiflores, en panicules axillaires ou terminales. Fleurs petites, généralement actinomorphes, unisexuées-polygames ou plus rarement hermaphrodites. Calice à 3-5 lobes valvaires ou imbriqués. Pétales 3-5, libres, imbriqués. Étamines libres, en même nombre que les pétales ou en nombre double, plus rarement 3-4 fois plus nombreuses ; fleurs femelles ayant des staminodes ; anthères dorsifixes, s'ouvrant par des fentes longitudinales introrses. Disque charnu, intrastaminal, ± plan ou cupuliforme, diversement lobé. Ovaire supère, soit à 2-5 loges et autant de styles simples, ou à style unique, divisé au sommet, soit à carpelle unique et à style ± latéral ; loges uni-ovulées ; ovule axile ou basal ; pistillode très réduit ou absent sur les fleurs mâles. Fruit, une drupe ± charnue, à noyau unique à 1-5 loges, s'ouvrant parfois par un opercule, dont souvent 1 seule fertile ; souvent des poches sécrétrices présentes dans le péricarpe, contenant des oléorésines ± caustiques ou toxiques. Graines exalbuminées ; embryon droit ou courbé.

Famille comptant environ 70 genres et 700 espèces, surtout des régions tropicales. Nombreuses espèces ayant un intérêt économique ; parmi elles, mais n'existant plus aux Mascareignes, *Pistacia vera* L., la Pistache vraie, cultivée en région méditerranéenne. (Voir Rivals, Esp. Fruit. Introd. Réunion : 36 (1960)).

Aux Mascareignes, on peut trouver occasionnellement en culture les espèces suivantes :

Anacardium occidentale L. ; Bojer, H.M. : 72 ; Baker, F.M.S. : 63 ; R.E. Vaughan, Maur. Inst. Bull. 1 : 24 (1937) ; Rivals, Esp. Fruit. Introd. Réunion : 35 (1960), qui donne la Noix de cajou (Cajou, Acajou, Cashew Nut (M.)) ; originaire d'Amérique du Sud et cultivé surtout en Inde.

Spondias cytherea Sonn. ; R.E. Vaughan, loc. cit. (1937), (*S. dulcis* Forst. ; Bojer, H.M. : 82 ; Baker, F.M.S. : 62 ; Cordem., F.R. : 376 ; Rivals, loc. cit. (1960)), Arbre de Cythère, Fruit de Cythère, Pomme de Cythère, Hévi ou Évi ; originaire de Polynésie et cultivé dans les jardins pour son fruit comestible.

S. mombin L. ; Rivals, op. cit. : 36 (1960)), Évi de l'Inde, à fruits plus petits que le précédent ; d'après Rivals, cultivé à La Réunion et subspontané sur les alluvions caillouteuses du Butor.

S. purpurea L., signalé comme étant planté à la station expérimentale de Barkly à Maurice.

Outre ces plantes dont on utilise les fruits, on peut trouver dans des jardins, plus rarement, les espèces suivantes :

Poupartia caffra (Sond.) H. Perrier (*Sclerocarya caffra* Sond. ; Rivals, op. cit. : 37 (1960) ; *S. shakua* Baker, F.M.S. : 63 ; *Shakua excelsa* Bojer, H.M. : 82, *nom. nud.*) ; originaire de Madagascar et d'Afrique de l'Est, rarement planté à La Réunion et à Maurice. *Sorindeia madagascariensis* Thouars ex DC. ; Bojer, H.M. : 83 ; Rivals, op. cit. : 35 (1960), originaire de Madagascar, remarquable par sa cauliflorie et appelé localement Manguier à grappes, semble avoir autrefois été un peu cultivé ; il existe encore au Jardin de l'État à La Réunion et au Jardin des Pamplemousses à Maurice. *Semecarpus anacardium* L. ; Bojer, H.M. : 72 (Noix à marquer) et *S. obscura* Thwaites, à feuilles simples, originaires d'Asie, ainsi que *Nothopegia dalzellii* Gamble, originaire de l'Inde, existent au Jardin des Pamplemousses. Ces différents genres sont traités dans la clé des genres.

3 espèces de *Poupartia* sont endémiques des Mascareignes ; *Rhus longipes* Engl. et *Schinus terebinthifolius* Raddi sont naturalisées et *Mangifera indica* L., le Manguier est très cultivé et est localement naturalisé.

1. Feuilles simples. **2**
— Feuilles composées-imparipennées ou trifoliolées. **5**

2. Fruit porté par un pédicelle renflé, charnu. **3**
— Fruit porté par un pédicelle non renflé, au plus un peu épaissi, non charnu. **4**

* ORSTOM, Laboratoire de Phanérogamie, Muséum, Paris.

3. Étamines 5 ; fruit non réniforme ; face inférieure des feuilles souvent papilleuse. **Semecarpus**
— Étamines 6-10 (-12) ; fruit réniforme ; face inférieure des feuilles non papilleuse. **Anacardium**

4. Calice persistant sur le fruit, ± accrescent ; carpelles et stigmates 3 ; ovaire ± enfoncé dans le réceptacle creux, cupuliforme ; inflorescences en racèmes axillaires, formant un ensemble paniculiforme. **Nothopegia**
— Calice caduc ; carpelle et stigmate 1 ; ovaire non enfoncé dans le réceptacle ; inflorescence, une vraie panicule terminale. **1. Mangifera**

5. Feuilles trifoliolées ; arbustes à nombreuses fleurs très petites, blanc verdâtre ; souvent des rameaux transformés en épines. **2. Rhus**
— Feuilles imparipennées. **6**

6. Folioles à nervure intramarginale. **Spondias**
— Folioles sans nervure intramarginale. **7**

7. Folioles entières, glabres ; drupe jaune vif ; fleurs rouge terne ou rouge orangé à l'intérieur, jaune mat à l'extérieur. **Sorindeia**
— Folioles crénelées ou serrulées, pubescentes, au moins au stade juvénile ; fruit rouge sombre ± violet ou à exocarpe brillant, rouge vif ; fleurs blanches ou pourpre noir. **8**

8. Arbustes à feuilles discolores, vert sombre dessus, plus claires dessous ; fleurs très petites, blanches ; drupes nombreuses, petites, rouge vif. **3. Schinus**
— Arbres à feuilles vert clair, à nervures rouges ou orange ; fleurs pourpre noir (rarement blanches ?) ; drupes de 1 cm ou plus de diamètre, rouge sombre ± violet. **4. Poupartia**

1. MANGIFERA L.

Sp. Pl. : 200 (1753) ; Gen. Pl. ed. 5 : 93 (1754)

Arbres à feuilles simples, entières, à nervures secondaires très apparentes. Inflorescences en panicules terminales. Fleurs petites, polygames. Sépales 5, imbriqués. Pétales 5, imbriqués pendant la préfloraison, à plusieurs nervures épaissies sur la face supérieure. Disque présent ou nul. Étamines (4-) 5, dont souvent 1 seule fertile, les autres réduites. Ovaire supère, uniloculaire, à 1 ovule ± transversal ; style 1, ± unilatéral. Fruit, une drupe ovoïde, charnue, à noyau fibro-ligneux dur. Embryon droit ; cotylédons épais.

Genre d'une vingtaine d'espèces d'Indo-Malaisie. *M. indica* est cultivé partout sous les tropiques et aux Mascareignes.

M. indica L., Sp. Pl. : 200 (1753) ; Bojer, H.M. : 73 ; Baker, F.M.S. : 63 ; Balf. f., B. Ro. : 336 ; Cordem., F.R. : 377 ; Rivals, Esp. Fruit. Introd. Réunion : 32 (1960). Type de l'Inde

Grand arbre à tronc relativement court et épais et à frondaison volumineuse. Feuilles glabres, étroitement elliptiques, atténuées aux extrémités, 10-20 x 4-6 cm. Panicules multiflores, ± pyramidales, longues de 15-20 cm. Fleurs polygames, mâles ou hermaphrodites. Sépales ovales, longs de ± 2 mm, pubescents à l'extérieur, devenant ± réfléchis. Pétales elliptiques, longs de ± 4 mm, blanchâtres, à 3 stries en relief, convergentes vers la base, jaunes. Disque représenté par 5 lobes charnus alternipétales. Étamines 5, opposées aux lobes du disque, dont 4 réduites à des staminodes longs de 0,5 mm et 1 fertile longue de 2,5 mm. Ovaire transversalement ovoïde, long de ± 1,5 mm, à style un peu déporté latéralement, long de 0,6 mm. Drupe longue de 7-15 cm, ± ovoïde, ± comprimée latéralement, à pulpe sucrée et odorante.

Noms vernaculaires : Mangue, Manguier (R., M., Ro.).

Espèce fruitière originaire d'Indo-Malaisie, communément cultivée sous les tropiques et aux Mascareignes dans les 3 îles, parfois subspontanée (bord des sentiers en forêt secondarisée : Le Tremblet, La Réunion). Il existe de nombreuses variétés se distinguant par le fruit : forme, couleur, parfum, présence ou absence de fibres, taille du noyau.

Bojer (H.M. : 73 à 81) cite une cinquantaine de variétés de mangues et décrit leur fruit. Il donne à certaines un nom d'espèce. Toutes sont en fait des cultivars de *M. indica*.

2. RHUS L.

Sp. Pl. : 265 (1753) ; Gen. Pl. ed. 5 : 129 (1754)

Arbustes à feuilles simples ou trifoliolées ou pennées. Inflorescences en panicules axillaires et terminales. Fleurs polygames, petites. Calice à 5 lobes imbriqués. Pétales 5, imbriqués. Étamines 5, extradiscales, libres, introrses. Ovaire supère, uniloculaire, uni-ovulé, à 3 styles libres ou un peu soudés ; stigmate capité. Fruit, une drupe globuleuse à mésocarpe ± résineux, endocarpe coriace, les différentes couches du péricarpe se séparant à la fin. Graines exalbuminées ; embryon à cotylédons plans.

Genre de plus de 100 espèces des régions tropicales et extratropicales des deux hémisphères. Aux Mascareignes, une espèce naturalisée.

R. longipes Engl. in A. et C. DC., Monogr. Phan. 4 : 431 (1883). Type d'Angola

Arbrisseau faiblement pubescent, dioïque, atteignant 4-6 m de hauteur, multicaule. Rameaux desséchés se transformant en épines sur le vieux bois. Feuilles trifoliolées, à folioles ± obovales, aiguës à sub-acuminées au sommet, longuement atténuées à la base, la médiane longue de 4-10 cm, les 2 latérales un peu plus petites, dissymétriques. Panicules longues de 10-15 cm. Fleurs d'environ 1,5 mm de diamètre. Calice à 5 lobes ovales. Pétales 5, elliptiques, longs de ± 1 mm. Étamines 5, alternipétales, égalant les pétales ; 5 staminodes sur les fleurs femelles. Disque peu nettement 5-lobé. Ovaire globuleux, d'environ 0,7 mm de diamètre, à 1 loge uni-ovulée ; styles 3, libres, inclinés d'un côté. Drupe rouge pâle, globuleuse, d'environ 4 mm de diamètre ; exocarpe se séparant à la fin du mésocarpe sous forme d'une fine pellicule ; endocarpe comprimé latéralement, coriace. (Pl. 1, 1-2).

La Réunion. Espèce introduite et naturalisée, commune dans les régions sèches de basse altitude, en particulier dans les vestiges forestiers de la Ravine de la Grande Chaloupe. Elle n'est toutefois pas aussi envahissante et nuisible que le Choca vert (*Furcraea foetida*) ou l'Avocat marron (*Litsea glutinosa*). Elle n'a pas été trouvée à Maurice ni à Rodrigues.

3. SCHINUS L.

Sp. Pl. : 388 (1753) ; Gen. Pl. ed. 5 : 184 (1754)

Arbustes à feuilles simples ou imparipennées, à pétiole souvent ailé. Inflorescences en panicules axillaires multiflores. Fleurs petites, blanchâtres, polygames ou unisexuées (plantes dioïques). Calice à 4-5 lobes arrondis, imbriqués. Pétales 5, libres, imbriqués. Étamines 10, les alternipétales plus longues égalant les pétales ; staminodes présents sur les fleurs femelles. Disque ± 10-crénelé. Ovaire supère, uniloculaire, uni-ovulé ; style 1, apical, ± trifide, à stigmates capités ; pistillode très réduit sur les fleurs mâles. Fruit, une drupe globuleuse, à exocarpe brillant. Graine ± disciforme, exalbuminée ; embryon à cotylédons plans.

Genre d'une dizaine d'espèces d'Amérique du Sud dont quelques-unes devenues ± pantropicales. Une espèce naturalisée aux Mascareignes.

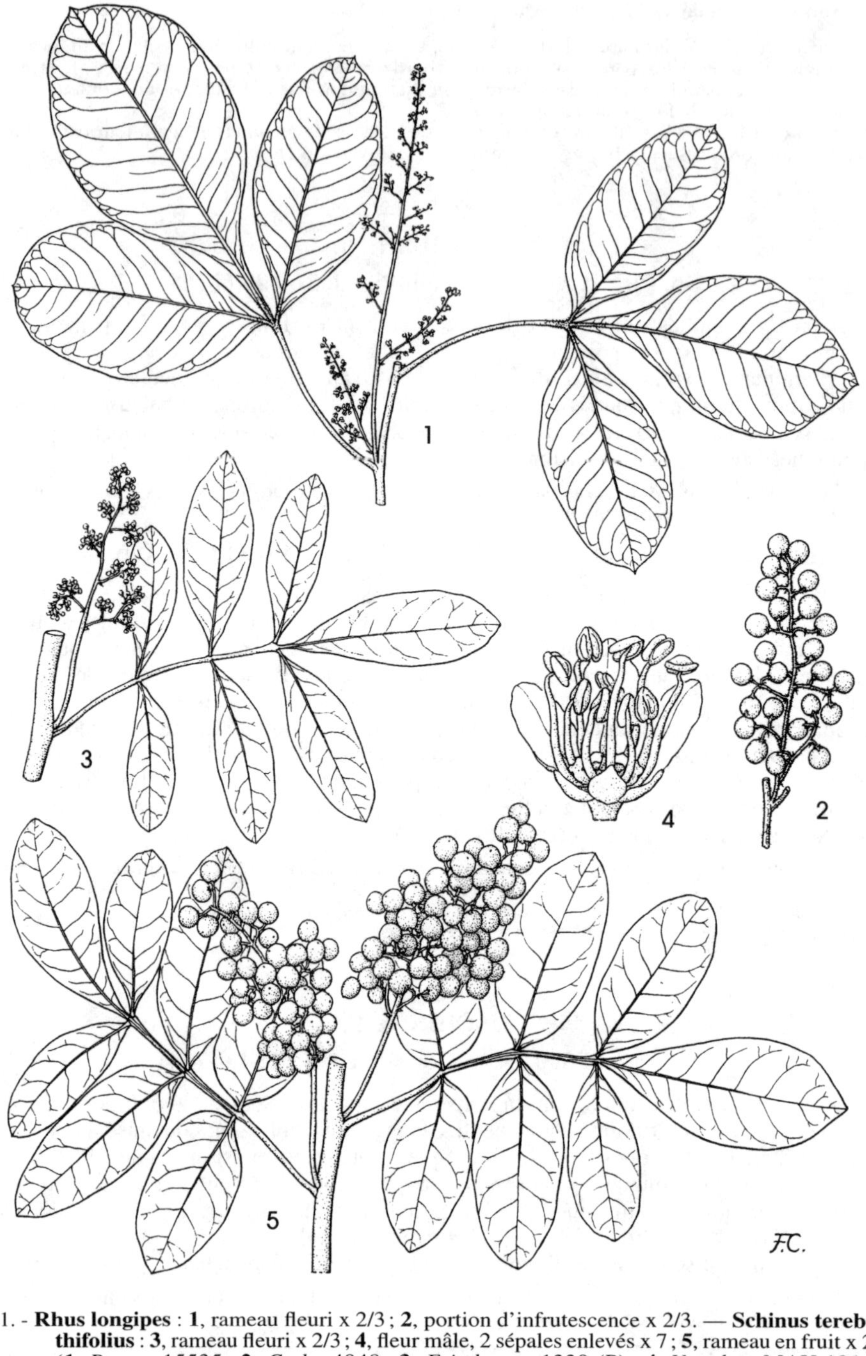

Pl. 1. - **Rhus longipes** : **1**, rameau fleuri x 2/3 ; **2**, portion d'infrutescence x 2/3. — **Schinus terebenthifolius** : **3**, rameau fleuri x 2/3 ; **4**, fleur mâle, 2 sépales enlevés x 7 ; **5**, rameau en fruit x 2/3. (**1**, *Bosser* 15535 ; **2**, *Cadet* 4848 ; **3**, *Friedmann* 1339 (P) ; **4**, *Vaughan* MAU 12140 ; **5**, *Friedmann* 1281 (P)).

S. terebinthifolius Raddi, Mem. Mod. 18 : 399 (1820) ; Cordem., F.R. : 377 ; R.E. Vaughan, Journ. Linn. Soc. Bot. 51 : 296 (1937) ; Maur. Inst. Bull. 1 : 24 (1937) ; Th. Cadet, Fleurs et Plantes de La Réunion et de l'île Maurice : 82, photo 72 (1981). Type du Brésil

Arbrisseau ou arbuste multicaule, atteignant 5-6 m de hauteur. Feuilles composées-imparipennées, longues de 10-15 cm, à 2-4 paires de folioles, de 2,5-6 x 1-2 cm, sessiles, obovales, vert sombre dessus, plus claires dessous. Panicules axillaires, longues de 5-10 cm. Fleurs blanches, d'environ 2,5 mm de diamètre. Calice à 5 lobes ovales, longs de 0,5 mm. Pétales 5, elliptiques, longs de 2 mm. Étamines 10, longues de 0,8 à 1,5 mm, les oppositipétales étant les plus petites, insérées autour du disque, celui-ci lobé entre la base des filets ; staminodes longs de 0,5 mm sur les fleurs femelles. Ovaire globuleux, de ± 2 mm de diamètre, à 3 styles ; pistillode très réduit sur les fleurs mâles. Drupe rouge, d'environ 5 mm de diamètre, séchant à la longue sur l'arbuste, le mésocarpe se rétractant à l'intérieur de l'exocarpe. (Pl. 1, 3-5).

Noms vernaculaires : Faux poivrier, Poivrier des bas, Café de Chine, L'Encens (R.) ; Poivrier marron, Poivrier du Brésil (M.).

Présent dans les 3 îles ; plus rare à Rodrigues (Mont Cimetière). Arbuste originaire d'Amérique, naturalisé et commun dans les régions humides à basse et moyenne altitudes. Les fruits aromatiques sont commercialisés sous le nom de « Poivre rose ».

4. POUPARTIA Comm. ex Juss.

Gen. Pl. : 372 (1789)

Arbres dioïques, à feuilles caduques, imparipennées, à pilosité formée de poils simples. Inflorescences en grappes de cymules ou en grappes simples. Sépales et pétales (4-) 5, libres, imbriqués. Étamines en nombre double des pétales ou jusqu'à 20, libres ; anthères à déhiscence longitudinale (staminodes sur les fleurs femelles). Disque charnu, ± lobé. Ovaire entier ou ± lobé entre les 5 carpelles, à 2-5 loges dont 1-4 stériles ; style 2-5, courts, inégaux (ceux correspondant aux loges stériles plus petits), à stigmate capité (pistillode parfois très réduit, formé de carpelles stériles presque libres, ou absent, chez les fleurs mâles). Drupe à mésocarpe ± charnu, à endocarpe ± lisse, très dur, à 1-5 opercules correspondant à des loges ovariennes fertiles ou stériles (ou emplacement des loges stériles marqué par une petite ouverture). Graines 1-4, ± courbées.

Genre d'une dizaine d'espèces d'Afrique, de Madagascar, des Mascareignes et de l'Inde. *P. borbonica* est l'espèce type du genre.

1. Arbre glabre à l'état adulte. (La Réunion, Maurice). **1. P. borbonica**
— Arbres ± pubescents. **2**

2. Feuilles et axes de l'inflorescence nettement pubescents. (Maurice). **2. P. pubescens**
— Rachis des feuilles pubescent ; inflorescences glabres. (Rodrigues). **3. P. castanea**

1. P. borbonica J.F. Gmel., Syst. Nat. ed. 13, 2 : 728 (1791) ; Poir. in Lam., Encycl. 5 : 606 (1804) ; Bojer, H.M. : 82 ; J. Dupont, J.C. Girard, M. Guinet, Flore en détresse, Le Livre rouge des plantes menacées à La Réunion : 105, pl., photo n° 44 (1989). Type : La Réunion, *Commerson* s.n. (P-JU 15998, lecto. !)
— *Spondias borbonica* (J.F. Gmel.) Baker, F.M.S. : 62 ; Cordem., F.R. : 376

Arbre dioïque atteignant 15-20 m de hauteur ; tronc souvent droit, ayant jusqu'à 70 cm de diamètre ; écorce brunâtre à rougeâtre, spongieuse en coupe, gorgée d'une sève rouge. Feuilles juvéniles à 2-3 paires de folioles non exactement opposées, plus petites que celles des adultes. (Les 2 premières feuilles de la plantule ont 1-2 folioles très petites accompagnant la foliole terminale). Feuilles de transition plus grandes que les feuilles adultes, ayant jusqu'à 50 cm de longueur, à 6-8 paires de folioles atteignant 14 cm de longueur. Ces 2 stades juvéniles ont des nervures rouges et sont pubescents, à poils simples, peu denses, mais donnant un toucher velouté. Feuilles adultes glabres, groupées à l'extrémité des rameaux, longues de 20-25 cm, à 3-5 paires de folioles ; rachis et nervures jaune orangé et limbe vert clair ; folioles de 5-12 x 2-4 cm, sessiles à subsessiles, étroitement ovales, atténuées au sommet, asymétriques à la base, à marges faiblement crénelées. Inflorescences sortant en fin de saison sèche, sur des arbres souvent complètement défeuillés, à l'aisselle de feuilles réduites à des écailles charnues, longues de 2-3 mm, caduques, laissant une cicatrice étroite ; les feuilles normales apparaissant ensuite au-dessus de la zone fertile. Inflorescences mâles longues de 10-18 cm, en grappes de cymules, à axe et pédicelles parsemés de poils glanduleux courts. Inflorescences femelles longues de 5-8 cm ; cymules souvent réduites à 1 seule fleur. Fleurs mâles d'environ 5 mm de diamètre, pourpre noir. Sépales 5, ± deltoïdes, longs d'environ 1,3 mm. Pétales 5, ± elliptiques, longs d'environ 2,5 mm. Étamines 10, longues de ± 2 mm, à anthère ovale, longue de ± 0,8 mm. Disque d'environ 1,8 mm de largeur. Pistillode à 5 carpelles stériles presque libres entre eux, longs de 0,7-0,8 mm. Fleurs femelles d'environ 4 mm de diamètre. Staminodes longs de ± 1,2 mm, à anthère vide, longue de 0,3 mm. Ovaire long de ± 1 mm, à 5 carpelles dont 2 fertiles, plus gros, et 3 stériles, réduits ; chaque carpelle à 1 style épais, à stigmate ± capité, à 1 ovule par loge fertile, axile, pendant. Drupe rouge sombre ± violacé, de 1-1,5 cm de diamètre (rarement jusqu'à 3 cm ?), à chair aqueuse, à noyau osseux, de forme irrégulière, à 2-3 loges s'ouvrant chacune par un opercule, souvent 1 seule loge fertile, les autres vides ; embryon charnu, long de 6 mm. (Pl. 2).

Noms vernaculaires : Bois de poupart, Bois blanc rouge (R., M.).

La Réunion, Maurice. Endémique. Arbre relativement xérophile, rare, des régions sèches, (Ravine de la Grande Chaloupe à La Réunion ; Corps de Garde à Maurice). Existe aussi dans des régions plus humides sur substrat perméable ou bien drainé : région de Saint Philippe (Béloni, Mare Longue) à La Réunion ; Montagnes Bambous, Plaine des Roches, etc. à Maurice. Dans ces régions, les arbres sont moins régulièrement caducifoliés et peuvent fleurir alors que les feuilles de l'année précédente sont encore en place. Une abondante régénération a été observée à Béloni (Basse Vallée), dans les coupes claires effectuées par l'O.N.F. dans une forêt primaire intacte, sur substrat de laves brutes.

2. P. pubescens (Baker) Engl. in A. et C. DC., Mon. Phan. 4 : 262 (1883). Type : Maurice, *Horne* s.n. (K, lecto. !)
— *Spondias pubescens* Baker, F.M.S. : 62
— *Shakua pubescens* Bojer, H.M. : 82, *nom. nud.*
— *Poupartia pubescens* Marchand, Rev. Anacard. : 157 (1869), *nom. nud.*
— *P. pubescens* R.E. Vaughan, Maur. Inst. Bull. 1 : 24 (1937), *nom. illegit.*

Petit arbre atteignant 5-10 m de hauteur, à écorce gris clair ou blanchâtre, parcourue de stries superficielles, longitudinales. Feuilles juvéniles non vues mais probablement à folioles plus étroites et allongées que les adultes (sur l'échantillon *Staub et Guého*, MAU 11315, une part feuillée, qui est peut-être un rejet, a des folioles de 8 x 1,5 cm). Feuilles de transition à grandes folioles atteignant 15 x 4 cm. Feuilles adultes longues de 15-25 cm, à 2-4 paires de folioles subsessiles, de 4-7 x 3-4 cm, ovales à étroitement ovales, assez brusquement atténuées au sommet, arrondies et asymétriques à la base, à marges faiblement crénelées à presque entières ; rachis et limbes densément pubescents, à toucher velouté. Inflorescences longues de 2-8 cm, les mâles étant plus longues que les femelles, à axe pubescent et parsemé de poils glanduleux rouges. Sépales des fleurs mâles et femelles parfois à marges faiblement ciliées, par ailleurs fleurs très semblables à celles de *P. borbonica*. Drupe globuleuse, d'environ 1 cm de diamètre ; noyau irrégulier, anguleux, à 2-4 loges operculées dont souvent 1-2 seulement contiennent une graine. (Pl. 3, 3-5).

Nom vernaculaire : Bois blanc (M.).

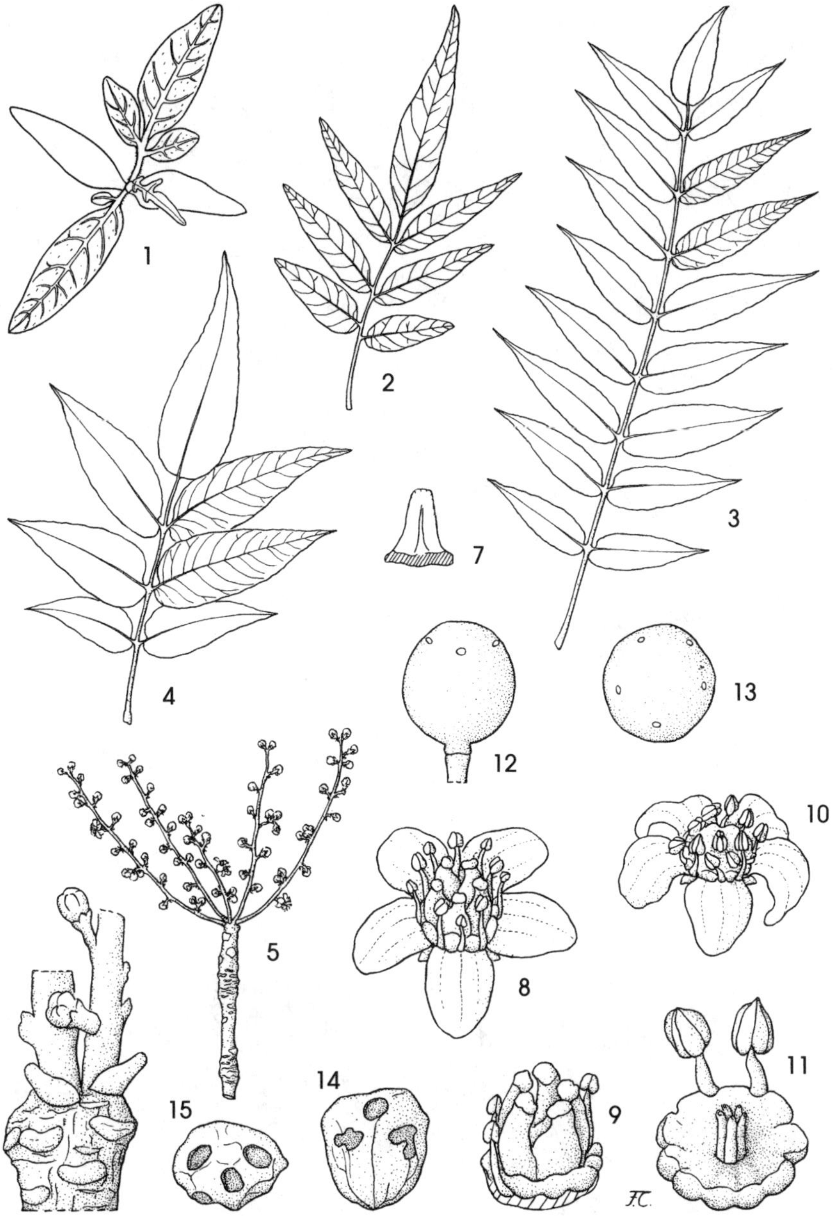

Pl. 2 — **Poupartia borbonica** : **1**, jeune plantule vue du dessus ; **2**, feuille juvénile x 1/3 ; **3**, feuille de transition x 1/5 ; **4**, feuille adulte x 1/4 ; **5**, rameau fleuri x 2/3 ; **6**, détail de l'insertion des inflorescences x 5 ; **7**, écaille axillant une inflorescence x 5 ; **8**, fleur femelle x 8 ; **9**, gynécée et 3 étamines x 16 ; **10**, fleur mâle x 8 ; **11**, disque, pistillode et 2 étamines x 10 ; **12-13**, fruit vu de profil et du dessus x 1,5 ; **14-15**, graine vue de profil et du dessus x 2. (**1**, d'après photo ; **2**, *Friedmann* 3064 ; **3**, *Friedmann* 3063 ; **4**, *Friedmann* 3320 ; **5-7** et **10-11**, *Friedmann* 2501 ; **8-9**, *Friedmann* 1999 ; **12-15**, *Friedmann* s.n. (P)).

Pl. 3. — **Poupartia castanea** : **1**, rameau fleuri x 1/2 ; **2**, fleur femelle à ovaire déjà noué. — **P. pubescens** : **3**, rameau feuillé x 2/3 ; **4**, fleur mâle x 8 ; **5**, pistillode, disque et 2 étamines x 10. (**1-2**, d'après Balf.f., B. Ro. : t. XX ; **3**, *Coode* 4812 ; **4-5**, *Guého et Staub* MAU 11315).

Maurice. Endémique. Rare. Espèce encore mal connue (les fleurs femelles en début d'anthèse et la forme juvénile n'ont pas été observées). Elle semble plus xérophile que *P. borbonica*. Bouton notait : « arbre env. 20-25 pieds, souvent dans les endroits rocheux comme Montagne Longue ». Les stations où l'espèce est connue actuellement sont toutes ± de ce type : escarpement rocheux à Cabinet, base Nord du Mont du Rempart, forêt sèche (Matala), entre la Tourelle de Tamarin et Montagne Brise Fer, rochers au-dessus de Morne Village. Régénération naturelle très faible ; quelques rares plantules se trouvent dans les sous-bois encore bien conservés (Mont Bambous). Floraison : vers octobre.

3. P. castanea (Baker) Engl. in A. et C. DC., Monogr. Phan. 4 : 261 (1883) ; W. Strahm, Plant Red Data Book for Rodrigues : 58, fig. (1989). Type : Rodrigues, *Bouton* s.n. (K, lecto. !)
— *Sclerocarya castanea* Baker, F.M.S. : 63 ; Balf. f., B. Ro. : 335, t. 20

Arbre probablement dioïque, hétérophylle ?, atteignant une quinzaine de mètres de hauteur. Feuilles longues de 15-25 cm, à 2-4 (-5) paires de folioles ; rachis et nervure médiane des folioles ± pubescents, rougeâtres (pellicule cireuse, grisâtre, visible sur le sec) ; folioles à base asymétrique, courtement pétiolées à sessiles, à limbe de 4-9 x 2-3 cm, ovale à étroitement ovale, atténué au sommet en acumen aigu, à marges faiblement crénelées, glabre (les 2 folioles inférieures nettement plus petites que les autres). Inflorescences mâles inconnues. Inflorescences femelles (d'après Balfour) courtes, en racèmes denses, à l'extrémité des rameaux, probablement à l'aisselle de feuilles réduites comme chez les 2 autres espèces. Sépales 5, arrondis, ciliés. Pétales 5, oblongs, obtus, réfléchis, imbriqués, longs d'environ 2 mm, blanchâtres (?). Disque crénelé-lobé. Staminodes 10, en partie sans anthères. Styles 5, courts, robustes, divariqués, disposés plus bas que le sommet de l'ovaire (observation sur un ovaire fécondé se transformant déjà en fruit ; fleur à l'anthèse inconnue). Stigmates capités. Ovules solitaires, pendants. Fruit mûr inconnu, ressemblant probablement à ceux de *P. borbonica*. (Pl. 3, 1-2).

Noms vernaculaires : Bois lubine, Figue marron.

Rodrigues. Endémique. Arbre très rare, récolté récemment, à l'état stérile, dans la vallée de Cascade Victoire, celle de Port Sud-Est, à Anse Mourouc (1 ou 2 exemplaires dans chaque station). Aucune régénération n'a été vue. Il serait intéressant, en particulier, de voir l'aspect de la forme juvénile. L'espèce est maintenant proche de l'extinction.

77. ANACARDIACÉES

INDEX DES NOMS SCIENTIFIQUES

Les synonymes sont en italique. Les nombres gras indiquent les pages des illustrations.

Anacardium occidentale L. 1.
Mangifera L. 2.
— indica L. 2.
Nothopegia dalzellii Gamble 1.
Pistacia vera L. 1.
Poupartia Comm. ex Juss. 5.
— borbonica J.F. Gmel. 5, **7**.
— caffra (Sond.) H. Perrier 1.
— castanea (Baker) Engl. **8**, 9.
— pubescens (Baker) Engl. 6, **8**.
— *pubescens* Marchand 6.
— *pubescens* R.E. Vaughan 6.
Rhus L. 3.
— longipes Engl. 3, **4**.
Schinus L. 3.
— terebinthifolius Raddi **4**, 5.
Sclerocarya caffra Sond. 1.
— *castanea* Baker 9.
— *shakua* Baker 1.
Semecarpus anacardium L. 1.
— obscura Thwaites 1.
Shakua excelsa Bojer 1.
— *pubescens* Bojer 6.
Sorindeia madagascariensis Thouars ex DC. 1.
Spondias borbonica (J.F. Gmel.) Baker 5.
— cytherea Sonn. 1.
— *dulcis* Forst. 1.
— monbin L. 1.
— *pubescens* Baker 6.
— purpurea L. 1.

INDEX DES NOMS VERNACULAIRES

Acajou 1.
Arbre de Cythère 1.
Bois blanc 6.
— " rouge 6, 9.
— de poupart 6.
— lubine 9.
Café de Chine 5.
Cajou 1.
Cashew nut 1.
Évi 1.
— de l'Inde 1.
Faux poivrier 5.
Figue marron 9.
Fruit de Cythère 1.
Hévi 1.
L'Encens 5.

77. ANACARDIACÉES

Mangue 3.
Manguier 3.
— à grappes 1.
Noix à marquer 1.
— de cajou 1.
Pistache 1.
Poivre rose 5.
Poivrier des bas 5.
— du Brésil 5.
— marron 5.
Pomme de Cythère 1.

FLORE DES MASCAREIGNES

78. MORINGACÉES

par Monique Keraudren-Aymonin † *

Arbres ou arbustes de petite taille, à tronc souvent renflé. Feuilles alternes, 2-3 fois imparipennées ; pennes et folioles opposées ; stipules absentes ou petites. Inflorescences axillaires, en panicules. Fleurs hermaphrodites, parfois légèrement zygomorphes, dialypétales, 5-mères, à réceptacle concave pourvu d'un disque entourant le pistil ; ovaire uniloculaire, à 3 placentas pariétaux, à nombreux ovules pendants. Fruit, une capsule déhiscente par 3 valves. Graines nombreuses, ailées ou non ; embryon droit.

Famille monogénérique, tirant son nom du genre *Moringa* ; des tropiques du Vieux Monde.

MORINGA Adans.

Adans., Fam. 2 : 318 (1763)

Arbres ou arbustes à écorce gommifère ; tronc souvent renflé en bouteille, à bois tendre. Feuilles pétiolées, ± caduques ; folioles entières ; base des pétiolules et des pennes glanduleuse. Inflorescences en panicules axillaires. Calice à tube court, à 5 lobes imbriqués, parfois inégaux. Pétales 5, libres, parfois l'antérieur plus grand et dressé, les autres réfléchis, le postérieur plus petit. Disque tapissant le tube du calice. Étamines insérées sur le bord du disque ; filets libres, légèrement renflés, 5 oppositipétales portant des anthères, 5 oppositisépales, stériles ; anthères dorsifixes, oblongues, uniloculaires, introrses. Ovaire stipité ; style grêle, à sommet tronqué ; ovules nombreux, pendants, à raphé ventral, insérés en 2 séries sur les placentas. Fruit, une capsule siliquiforme, à 3-6 angles, uniloculaire, à déhiscence loculicide par 3 valves. Graines nombreuses, ailées ou non, sans albumen ; embryon droit.

Genre comprenant trois sections groupant une douzaine d'espèces d'Afrique, de Madagascar, d'Asie Mineure et du Sud-Est asiatique. Aux Mascareignes, une espèce a été introduite et est parfois cultivée.

Bojer (H.M. : 117) a noté la présence dans le Jardin des Pamplemousses d'une autre espèce de *Moringa*, originaire de Madagascar et introduite à Maurice, qu'il a nommé *M. robusta*. Or il existe sur la Grande Ile 2 espèces endémiques pour lesquelles le terme de « *robusta* » pourrait très bien convenir. Il s'agit des *M. hildebrandtii* Engl. et *M. drouhardii* Jumelle, mais en l'absence de toute description de Bojer, on ne peut savoir à laquelle de ces 2 espèces *M. robusta* Bojer, *nom. nud.*, peut être rapporté. Actuellement, il semble qu'il n'y ait pas de *Moringa* malgache dans les jardins à Maurice.

M. oleifera Lam., Encycl. 1 : 398 (1785) ; Illust. 2, t. 337 (1793) ; Pax in Engl. et Prantl, Nat. Pflanzenf. 3, 2 : 244, fig. 146 (1891) ; R.E. Vaughan, Maur. Inst. Bull. 1 : 24 (1937) ; Verdcourt, Fl. Trop. E. Afric., Moringaceae : 3 (1986). Type : *Hermann* 2 : 24 (BM, lecto.)
— *Guilandina moringa* L., Sp. Pl. : 381 (1753). Décrit de Ceylan
— *M. pterygosperma* Gaertn., Fruct. 2 : 314 (1791) ; Bojer, H.M. : 117 ; Baker, F.M.S. : 9 ; Balf. f., B. Ro. : 326 ; Cordem., F.R. : 361. Décrit de l'Inde

Petit arbre haut de 3-10 m, à écorce blanchâtre, subéreuse et rugueuse ; parties jeunes blanc verdâtre, parfois tomenteuses, à nombreuses lenticelles. Feuilles généralement 2-3-imparipennées, longues de 30-60 cm, à 4-6 paires de pennes primaires, articulées et caduques, glanduleuses ; folioles ovales, vert foncé, 9-20 x 5-12 mm, glabres ou légèrement pubérulentes. Inflorescences en panicules étalées, dressées, longues de 10-30 cm ; bractées linéaires, petites.

* Laboratoire de Phanérogamie, Muséum, Paris.

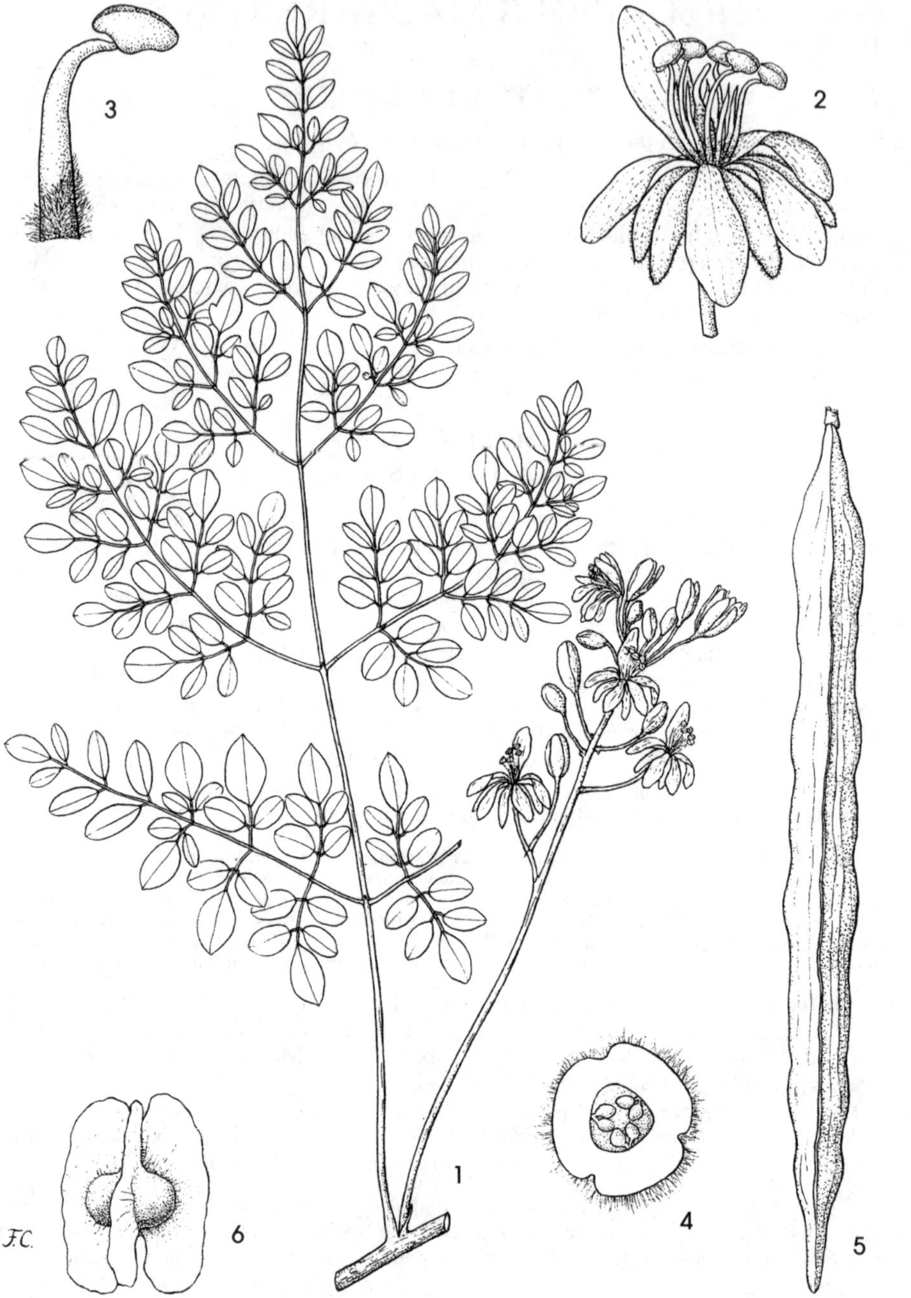

Moringa oleifera : **1**, feuille et inflorescence x 2/3 ; **2**, fleur x 2 ; **3**, étamine x 3,5 ; **4**, coupe transversale de l'ovaire x 20 ; **5**, fruit x 1/2 ; **6**, graine x 2/3. (**1-6**, *Julien* MAU 16367).

Fleurs blanc jaunâtre, odoriférantes ; pédicelles longs de 7-10 mm, articulés. Tube de calice long de 3-4 mm ; lobe postérieur long de 7-10 mm, l'antérieur plus grand, long de 10-14 mm. Pétales ovales, velus à la base sur la face interne, l'antérieur dressé, le plus grand : 14-18 x 6-8 mm, le postérieur : 10-12 x 5-8 mm. Étamines fertiles 5, à filet vert pâle, long de 7-8 mm, renflé et poilu à la base. Ovaire long de 3-5 mm, stipité sur 2-3 mm, à poils velus, denses : style glabre vers le haut ; stigmate en tube creux. Capsules pendantes, longues de 20-50 cm, de section triangulaire, renflées au niveau des graines, vertes à l'état jeune, puis brunissant, glabres, à 3 valves côtelées. Graines trigones, à partie centrale subsphérique, d'environ 10 mm de diamètre, à 3 ailes de 25 x 4-7 mm. (Pl.).

Noms vernaculaires : Brède morongue, Horse Radish Tree (M.) ; Mouroungue (R.).

Espèce cultivée à Maurice et signalée à La Réunion et à Rodrigues, spontanée en Inde d'où elle est originaire, introduite dans la plupart des pays tropicaux et subtropicaux. Elle ne se naturalise pas et est multipliée par boutures. Ses feuilles sont consommées en légume et ses graines donnent une huile blanche, l'huile de ben, qui ne rancit pas, de plus, toute la plante a des propriétés antiscorbutiques et les racines sont vésicantes. Aux Mascareignes, les feuilles et les fruits sont mangés.

INDEX DES NOMS SCIENTIFIQUES

Les synonymes sont en italique. Le nombre gras indique la page de l'illustration.

Guilandina moringa L. 1.
Moringa Adans. 1.
— drouhardii Jumelle 1.
— hildebrandtii Engl. 1.
— oleifera Lam. 1, **2**.
— *pterygosperma* Gaertn. 1.
— *robusta* Bojer 1.

INDEX DES NOMS VERNACULAIRES

Brède morongue 3.
Horse Radish Tree 3.
Mourongue 3.

FLORE DES MASCAREIGNES

79. CONNARACÉES

par Monique Keraudren-Aymonin † *

Arbres, arbustes ou lianes. Feuilles alternes, persistantes ou caduques, sans stipules, composées-imparipennées ou plus rarement unifoliolées ; folioles entières, sub-opposées ou alternes. Inflorescences axillaires ou pseudoterminales ou terminales, en panicules ou en racèmes. Fleurs petites, hermaphrodites, 4-5-mères, régulières, hypogynes, souvent hétéro-, di- ou tristylées. Sépales imbriqués ou valvaires, libres ou un peu soudés à la base, parfois accrescents et persistants à la base du fruit. Pétales ± soudés à la base, imbriqués ou valvaires. Étamines 10 ou plus, rarement 5, longues et petites alternant, les plus petites souvent stériles ou staminodiales ; anthères dorsifixes, introrses, à déhiscence longitudinale. Ovaire à (8-) 5 (-3), ou plus rarement 1, carpelles libres, uniloculaires, renfermant 2 ovules collatéraux dressés. Fruits secs ou parfois un peu charnus, en follicules sessiles ou stipités, déhiscents par une fente ventrale, plus rarement indéhiscents. Graines solitaires, plus rarement 2, pourvues d'un arille charnu, coloré ; testa ± développé ; cotylédons épais et aplatis.

Famille tropicale comprenant une vingtaine de genres et environ 300 espèces. Aux Mascareignes, 2 genres avec chacun 1 espèce.

Bojer, H.M. : 84, cite *Omphalobium* ? *scandens* Bojer, *nom. nud.*, comme étant cultivé au Réduit et au Jardin des Pamplemousses à Maurice et *Connarus monocarpus* L., à « l'habitation dite La Cascade et au Réduit ». Aucun échantillon de ces plantes n'a été vu.

— Feuilles imparipennées. **1. Cnestis**
— Feuilles trifoliolées. **2. Agelaea**

1. CNESTIS Juss.

Gen. Pl. : 374 (1789)

Lianes ou arbustes lianescents, plus rarement petits arbres. Feuilles imparipennées, à folioles entières, souvent asymétriques, opposées ou sub-alternes. Inflorescences axillaires ou terminales, en panicules ou en racèmes. Fleurs hermaphrodites, pentamères. Sépales 5, libres, valvaires ou légèrement imbriqués dans le bouton. Pétales 5, de même longueur ou plus longs que les sépales. Étamines 10, à filets libres ou légèrement soudés à la base, les internes, épipétales, plus petites que les externes, toutes fertiles ; anthères oblongues, dorsifixes, introrses, à déhiscence longitudinale. Carpelles 5 ; styles libres ; stigmates globuleux ; ovaires à pubescence dense, renfermant 2 ovules orthotropes collatéraux. Fruits en follicules piriformes, légèrement en bec au sommet, déhiscents par une fente ventrale longitudinale, à péricarpe épais, couvert extérieurement d'un tomentum dense, hérissé intérieurement de soies aciculées ; calice non accrescent. Une seule graine par follicule, ovoïde, à testa noirâtre ou brun foncé, à arille basal, à endosperme charnu.

Genre comprenant une quarantaine d'espèces surtout en Afrique et à Madagascar, 2 espèces en Asie tropicale et en Malaisie.

Une seule espèce existe aux Mascareignes. Cordemoy, dans sa Flore, a oublié de traiter cette famille, bien qu'un échantillon de *C. glabra* existe dans son herbier.

C. glabra Lam., Encycl. 3 : 23 (1789) ; DC., Prodr. 2 : 87 (1825) ; Bojer, H.M. : 84 ; Baker, F.M.S. : 64 ; Schellenberg in Engl., Pflanzenr. IV, 127 : 40 (1938). Rivals,

* Laboratoire de Phanérogamie, Muséum, Paris.

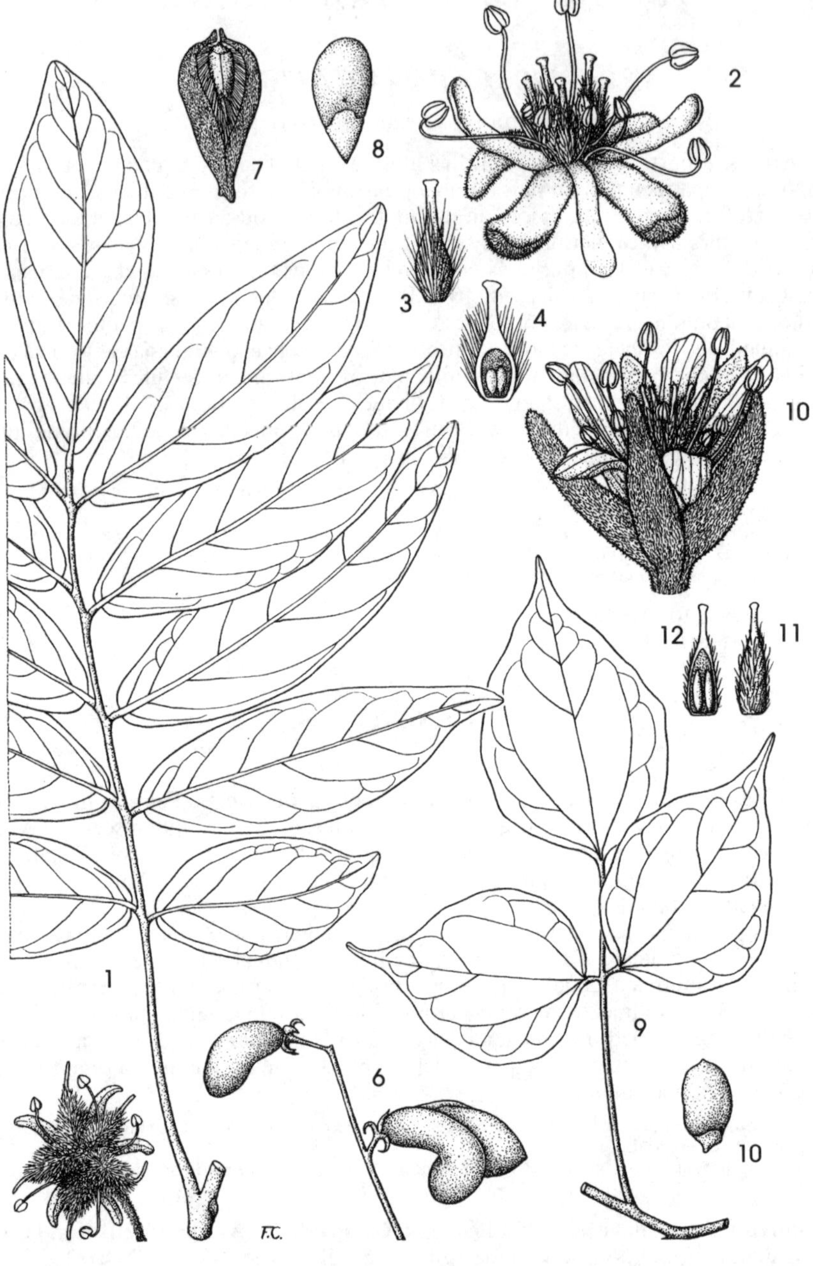

Cnestis glabra : **1**, feuille x 2/3 ; **2**, fleur x 10 ; **3**, carpelle x 14 ; **4**, coupe longitudinale d'un carpelle x 14 ; **5**, fruit jeune avec les restes du périanthe et de l'androcée x 4 ; **6**, infrutescence à maturité x 2/3 ; **7**, fruit déhiscent x 2 ; **8**, graine x 2. — **Agelaea pentagyna** : **9**, feuille x 2/3 ; **10**, fleur x 10 ; **11**, carpelle x 12 ; **12**, coupe longitudinale d'un carpelle x 14 ; **13**, graine x 2 (**1-8**, *Commerson* s.n. ; **10-12**, *Rakoto* 7698 RN ; **13**, *Sajy* 4315 RN (P)).

Étud. Vég. Nat. Réunion : 173 (1952). Types : Maurice, *Commerson* 599 et *Commerson* s.n. ; La Réunion, *Commerson* s.n. (P-JU 15979, P, syns. !)
— *C. borboniensis* Raeusch., Nom. ed. 3 : 132 (1797). Type de La Réunion ?
— *Sarmienta cauliflora* Sieber ex Baill., Adans. 7 : 243 (1866/67), *nom. nud.*

Liane ou arbuste lianescent de petite taille, à tiges pouvant atteindre 4 cm de diamètre, finement striées et lenticellées. Feuilles à 5-9 paires de folioles, à rachis pouvant atteindre jusqu'à 25 cm de longueur ; pétiolules longs de 3-7 mm ; limbe des folioles latérales étroitement obovale, celui de la foliole terminale elliptique ou ovale-elliptique, tous aigus au sommet, arrondis à la base, parcheminés-subcoriaces, glabres sur les deux faces, 7,5-15 x 2-5 cm, les limbes des folioles inférieures plus petits ; nervure médiane nettement saillante dessous, portant parfois quelques poils ; 6-10 paires de nervures secondaires très ascendantes, finement saillantes dessous. Inflorescences en racèmes ± fasciculés sur des rameaux courts, naissant sur les rameaux anciens ; axe des racèmes longs de 3-7 cm, finement pubescents ; pédicelles longs de 2 mm, à pubescence fauve très courte et dense ; bractées petites, pubescentes. Sépales obovales, aigus au sommet, 2,5 x 0,8-1 mm, tomenteux sur la face externe, glabres sur la face interne. Pétales plus petits que les sépales, ovales, longs de 1,8 mm à peine, glabrescents. Étamines : 5 à filets longs de 1,5-1,8 mm, les 5 autres à filets plus courts ; anthères globuleuses. Carpelles 5, couverts de poils veloutés, denses, longs de 1,3-1,5 mm. Follicules piriformes, 2,3 x 1 cm, les restes du périanthe persistant à la base ; péricarpe à indument fauve, fin et serré, velouté, l'intérieur tapissé de longs poils translucides très aciculés. Graines elliptiques, 10 x 5 mm, à testa noirâtre, ornées à la base d'un arille. (Pl., 1-8).

Noms vernaculaires : Liane à rats, Mort aux rats, Grattelier, Liane de boeuf, Bois à gratter, Mafate amboa, Mafatamboua, Macabé (M.) ; Pois grattés (R.).
Les fruits sont considérés comme dangereux et toxiques d'où les noms vernaculaires.

La Réunion, Maurice. Espèce de forêt humide ou assez sèche de basse et moyenne altitudes, connue à La Réunion de la région de Saint Philippe et de Dos d'Ane (remparts de la Rivière des Galets), et à Maurice de la Montagne du Pouce.

Elle existe aussi à Madagascar où on la trouve sporadiquement dans la forêt orientale de basse altitude, de Tamatave à Maroantsetra. Elle a des affinités avec *C. polyphylla* Lam. de Madagascar, mais bien que les feuilles varient considérablement de taille dans cette dernière espèce, elles restent homogènes quant à la forme et la pilosité et elles ne peuvent être confondues avec celles de *C. glabra*. Aucun échantillon des Mascareignes ne peut être rattaché avec certitude à *C. polyphylla*, bien que Bojer, H.M. : 84, signale cette espèce à Maurice ; mais Baker, F.M.S. : 65, disait déjà : « we have it only from Madagascar ».

Les noms vernaculaires : Mafate amboa et Mafatamboua, utilisés à Maurice, sont d'origine malgache.

2. **AGELAEA** Solander ex Planch.

Linnaea 23 : 437 (1850)

Lianes ou plus rarement arbustes lianescents. Feuilles trifoliolées. Inflorescences axillaires, subterminales ou terminales. Fleurs hermaphrodites, 5-mères ; bractées et bractéoles présentes. Sépales libres, tomenteux sur la face externe, courtement pubescents sur la face interne. Pétales libres, un peu plus longs que les sépales. Étamines 10, à filets légèrement soudés à leur base, les épisépales plus longues que les épipétales. Carpelles généralement 5 ; ovaires et bases des styles pubescents ; styles cylindriques ; stigmates petits, trilobés. Un seul follicule se développant par fleur, obovoïde, fortement courbé ou obliquement piriforme, à péricarpe ± tuberculé et à indument ± dense, déhiscent par une fente longitudinale ; calice persistant à la base mais non accrescent. Graine, 1 par follicule, à testa noir, brillant, partiellement couverte d'un arillode orange ou jaune ; endosperme absent.

Genre comprenant une cinquantaine d'espèces, pour la plupart africano-malgaches, 4 espèces présentes en Asie et dans la région malaise. Aux Mascareignes une seule espèce.

A. pentagyna (Lam.) Baill., Bull. Soc. Linn. Paris 1 : 345 (1882) ; Schellenberg in Engl., Pflanzenr. IV, 127 : 89 (1938). Type : Madagascar, *Commerson* (P-JU 15983, part de gauche de l'échantillon, lecto. !)
— *Connarus pentagynus* Lam., Encycl. 2 : 95 (1786)
— *Cnestis obliqua* auct. non Beauv. : Bojer, H.M. : 84
— *Agelaea lamarckii* Planch., Linnaea 23 : 438 (1850) ; Baker, F.M.S. : 64. Type d'Afrique tropicale

Arbuste ou liane à rameaux sarmenteux brunâtres, recouverts d'un indument très court, devenant glabrescents à l'état adulte. Feuilles trifoliolées, à rachis long de 2-10 cm, lâchement pubérulent à l'état jeune, devenant glabrescent ; pétiolules longs de 2 mm ; limbe des folioles terminales ovale-elliptique, ± acuminé au sommet, largement arrondi ou ± en coin à la base, 4-12 x 2,5-8 cm ; limbe des folioles latérales souvent asymétrique, un peu plus petit, tous chartacés, brillants et vert vif sur la face supérieure, glabres sur les deux faces, trinerves à la base ; nervure médiane aplatie dessus, nettement saillante dessous, portant quelques poils courts et épars ; nervures latérales 4-5 paires, finement saillantes dessous, les basales bien arquées. Inflorescences terminales, subterminales ou axillaires, naissant parfois sur le bois des vieux rameaux, en racèmes paniculés ou en fascicules multiflores, à fleurs très petites ; rachis pouvant atteindre 30 cm de longueur, à pubescence fine et dense ; pédicelles longs de 1 mm, pubescents ; bractées linéaires à étroitement ovales, longues de 2-3 mm. Sépales ovales-elliptiques, 3-4 x 1,5 mm, pubescents sur les deux faces. Pétales oblongs, 3,5 x 1 mm, glabres sur les deux faces. Étamines à filets soudés en tube à la base, les épipétales longues de 3-4 mm, les épisépales longues de 1 mm ; anthères ovales. Carpelles 5, longs de 1 mm environ, à ovaires couverts d'une pilosité dense. Follicules rouge vif à maturité, 12-14 x 6-8 mm, ovoïdes-elliptiques, à péricarpe finement velouté sur la face externe, glabre à l'intérieur ; calice persistant à la base. Graine obovale, 8 x 4-5 mm, à testa noirâtre, brillant ; arille basal, long de 2 mm, fissuré ventralement. (Pl., 9-3).

Noms vernaculaires : Liane à paniers, Bois haricot (M.).

Aux Mascareignes, l'espèce existe seulement à Maurice, où elle est probablement devenue rare. Boivin l'avait récoltée dans les « bois du quartier du Grand Port ». A Madagascar, c'est une plante de la forêt humide, fréquente dans l'Est et dans le Sambirano ; elle est aussi présente en Afrique.

79. CONNARACÉES

INDEX DES NOMS SCIENTIFIQUES

Les synonymes sont en italique. Le nombre gras indique la page de l'illustration.

Agelaea Solander ex Planch. 3.
— *lamarckii* Planch. 4.
— pentagyna (Lam.) Baill. **2**, 4.
Cnestis Juss. 1.
— *borboniensis* Raeusch 3.
— glabra Lam. 1, **2**.
— *obliqua* auct. 4.
— polyphylla Lam. 3.
Connarus monocarpus L. 1.
— *pentagynus* Lam. 4.
Omphalobium scandens Bojer 1.
Sarmienta cauliflora Sieber ex Baill. 3.

INDEX DES NOMS VERNACULAIRES

Bois à gratter 3.
— haricot 4.
Grattelier 3.
Liane à paniers 4.
— " rats 3.
— de boeuf 3.
Macabe 3.
Mafatamboua 3.
Mafate amboa 3.
Mort aux rats 3.
Pois grattés 3.

Imprimerie de Montligeon - 61400 La Chapelle Montligeon - 12-97 - N° 18797